华夏文化原型与造物智慧研究丛书

玉承中国——从六玉到空间象征

潘长学　　总主编
熊承霞　韩启喆　著

武汉理工大学出版社

图书在版编目（CIP）数据

玉承中国：从六玉到空间象征 / 熊承霞，韩启喆著 . — 武汉：武汉理工大学出版社，2021.8
ISBN 978-7-5629-6154-3

Ⅰ . ①玉…　Ⅱ . ①熊… ②韩…　Ⅲ . ①建筑艺术－研究－中国　Ⅳ . ① TU-862

中国版本图书馆 CIP 数据核字（2020）第 096204 号

责 任 编 辑：杨　涛　何　珊
责 任 校 对：陈　平
书 籍 设 计：杨　涛
出 版 发 行：武汉理工大学出版社
社　　　　址：武汉市洪山区珞狮路 122 号
邮　　　　编：430070
网　　　　址：http://www.wutp.com.cn
经　　　　销：各地新华书店
印　　　　刷：武汉精一佳印刷有限公司
开　　　　本：889×1194　1/16
印　　　　张：12.75
字　　　　数：260 千字
版　　　　次：2021 年 8 月第 1 版
印　　　　次：2021 年 8 月第 1 次印刷
定　　　　价：149.00 元

前 言

华夏文明的造物源流，是以玉石作为传承的动力机制。自《周礼》"六玉"（璧、琮、圭、璋、璜、琥）确定以来，先民将"人本"与"民本"思想中深层的追求以玉为媒介在生存空间中表述，构筑一种以玉比德的空间象征体系。以这个体系为参照标准，先民筚路蓝缕，开启了华夏的造物设计之路，获得了多元璀璨的玉承造物。

仅仅参照现代设计学解读中华造物的习惯从根本上是偏颇的，同样，通过神话与文物来考察史前文明的物质与信仰，也是无法完全说明清楚的，造物设计有时候更能够清晰辨识一些事物的本质缘由。尽管每一位学者都知道中华文明的重要价值，然而因为中国"重仕轻技"的传统，设计学作为最年轻的学科，从一开始进入中国学科世界便忽视了本属于中国自身需要强调的造物概念，使得设计学在方法和理论上难以形成自身的话语体系，也导致文化原型失去了其在当代设计中的再生价值。实际上，无论是文学、宗教学、社会学、美术学都或多或少地与造物设计建立了主动的联系，一部文学作品所描述的内容倘若失去物质的支撑恐怕只能是"玄学"。以《红楼梦》为例，书中的木石、金玉良缘的原型可以追溯到上古神话补天、仙木等，其被誉为"社会百科全书"得益于精准而考究的衣、食、住、行、用和空间场景的造物描绘，而且这些描绘又与书中各个角色对应，从而成为人物性格特征的隐喻，这便足以表明中国传统造物在满足功能的前提之下能够表征生存伦理、社会政治等上层建筑的叙事。

通过物质的功能来考察华夏文明或通过包豪斯时期所定义的"设计"概念来考察华夏造物都可能在认识上有偏向，就目前的处境而言，华夏文明如果不能够提供文明的物质实体，那么这个文明的基因便只能由他者文化所代言。在文学艺术甚至宗教领域，各种神圣的、浪漫的、伦理的叙事又大多离不开造物文化。2018年5月28日，"中华文明探源工程"（一项由国家支持的大规模多学科古史研究项目，主要目的是探索中华文明的起源问题）通过各处出土的实物、图像等证据证明华夏文明已存在5000年之久。该项目通过各处遗址中出土的城池、器物，对华夏民族在各个时期所拥有的造物智慧及技巧进行了实证解读。如果这些文化遗产不具有人本意义的"设"和"计"概念，那么华夏大地的文化遗产便只能是"神"的手笔。

事实上，"造物"与"设计"的目的与方法高度契合，关键的问题是证据的陈述和语言的表述，以及造物的标准。玉作为珍贵的材料经由物质而上溯至国家、民族、个体的道德层面，便具有了普适的"玉承"功能。这也就是现代设计中的使用功能与审美目标的统一。如果通过近代以来考古遗址出土的文物来考察传统造物中的设计，就更加具有说明性。每一个令人惊叹的文化物质，都离不开玉礼器，这足以证明中国的核心文化就是"玉"。推究造型、选材、工艺、纹饰更能够透视出其中的玉承设计内涵。然而，这些没有设计师的文物为什么没有引起中国设计学全面而系统的研究？尽管"夏商周断代工程""中华文明探源工程"通过考古资料对夏商周的历史真实性进行实证，认为二里头文化是华夏文明之核心的代表，并对华夏文明的5000年历史进行了实证。这些文明建立在各地多元一体、兼容并蓄、连绵不断的生存之信仰与物质、城市聚落空间形态的基础上，从而丰富了人类文明的起源。支撑华夏文明起源工程的是大型遗址中的都邑遗址，如浙江余杭的良渚遗址、山西襄汾的陶寺遗址、陕西神木的石峁遗址、浙江余姚的河姆渡遗址、湖北天门的石家河遗址，还有河南偃师的二里头遗址等，这些遗址的空间选址定位、轴线布局规划都接近现代城市规划学的定义。河姆渡遗址中，在榫卯的基础上产生的干栏式"联排别墅"，难道仅仅是"集体的无意识"反映？遗址中出土的各种形态、材质的璧、琮、璜等，在没有科技工具与设计思维指导的情况下，它们的造物美学语义从何而来？那些陶器的形态造型、装饰秩序，它们的设计排列之美难道仅仅是"潜意识"？它们的造物基因、造物智慧缘起于何？显然西学不可能帮助我们定义华夏文明进程中的设计造物相关学科，它们更愿意定义一些华夏文明起源于埃及、非洲等的学说，中国造物设计的相关起源、理论工作还是必须依靠我们自身，在证明有文明存在的历史前提下，更需要梳理其中隐喻的设计学叙事和方法。

在一些流行的书籍如人文建筑学术论著的作者眼里，设计及造物的主要特征是服务，建筑主体或隐或现地强调着功能。据我所知，在中国，对设计学进行的考察研究非常丰富。然而与功能和服务及方法和现象分析有关的事实显然更容易确定，也更符合从西学而来的学科发展模式，至少这是流行的，也是可以成立的。然而，要了解一个民族的造物智慧重要的线索，或者说最可靠的线索，便是考察这个民族流传在当代的存世的"物质"证据。要想对中华造物智慧进行探索，毫无疑问，必须回溯其文明的各个时期，从蒙昧时期的原始宗教、创始神话到国家制度等方面进行"物质及精神信仰"的综合而详细的文化原型分析。然而，要真正完成这个综合分析，不仅需要掌握多种学科能力，需要将时间、精力、经济与体力投入在田野考察中，需要在考察结束后进行大量的图文数据整理，更需要研究者具有与枯灯静寂为伴的毅力，并能够将这些持续的研究精准地与现代设计结合，使之在当代再生。

我希望读者不要误解我的意思。我告诫自己不要脱离设计学本体，也不要把神话玄学作为研究的起点，尽管追溯创始神话时代开启的造物精神体系确实是我的目标。我之所以试图去理解那些史前时期的石头、陶土或者宝石、玉石，是因为其中蕴含着造物设计的文化原型，而不是因为我喜欢那种古老的东西便一心一意投身于探古研究，那些原始的礼仪器物、工具用具、建筑空间的原型都能够最终成为理解华夏先民创造活动的原始材料的文化背景，与此同时，那些文化原型又是沟通文化大传统与文化小传统的桥梁，更是联系现代社会的文化实践。这些始初的物质智慧和象征形态的宗教意义已经逐渐走向凡俗，而现代主义设计思潮来到中国后，人们逐渐遗忘了其中的"造物"文化原型，专业设计领域有更多的文化原型亟待植入。如果我们了解并认可这种原始材料的文化背景，那就等同于向前迈出了一步，即认识到这些原始造物中的设计隐喻在现代设计中的重大价值。因此，我希望能够在设计学之境以及品牌学、建筑学的各大殿堂中做点什么，哪怕只是做一个垫砖铺瓦的基础人，也是我之幸运。

由于读者即将看到跨学科背景的内容，加之语言表述的问题，一些章节内容必然复杂晦涩，但章节之间的观点大体联系紧密，在这里尽可能扼要地表述各章中得出的结论，并简要概括讨论的步骤等。

第一章阐明了《周礼》"六玉"对应其隐喻的宇宙空间，解读宇宙天地间的"二元"结构模型。这互补的二元感知构成了中国不同历史时期、不同建造活动与形态的基础。为了探明华夏建筑隐喻的精神价值，本章使用文化分析中独特的心理分析工具——原型理论。尽管原型并不代表人类的原始思维，但鉴于其在人类学中的表现，或许可以将之视为进入文明、联络文明的一种思维路径和钥匙。其成熟的在人类社会中可反复识别的文化意象，完全有可能对解释基因源提供帮助。从而理解世界上所有的有形结构、所有的事物与存在中的无所不在的文化基因。在此基础上，《周礼》"六玉"便是抽象化和概括化的中国文化象征基因的母体。

第二章通过对文化大传统时期传世之玉琮形态的多角度分析，探究史前中国营造原型"方圆"之间所指征的造物"句法"，"玉"礼之崇威经由方位场景所指而显示出后世儒家仁礼承载的语义，以及"圆丘"建筑的方位及场所精神与玉琮的"寓地拟天"所表述的对天地宇宙的图式逻辑。史前建筑在变迁过程中，已难以寻觅原型结构，因此本章梳理华夏文明最神圣的玉琮符号原型中所蕴含的大传统前代建造形态组合编码结构，希冀追溯原始文化中的宗教思维方式与视觉表象渊源，使其礼仪形式参与到当代社会伦理秩序的建构中，重续文化物证中留存至今又不可忽略的营造价值。

第三章、第四章由《山海经·海外西经》引出"夏后启悬佩之玉璜"，通过其手执的"玉"信所表述的神权道德进行延伸分析，探索玉璜的本体及延续的造物伦理，以及玉璜的形态在造物中的美学价值，从而理解从玉璜中衍生出来的空间编码象征对中国建筑空间的隐喻。最后将璧与璜对应中国最早的官学建筑空间——辟雍与泮宫，以求解释传统官学建筑与现代官学建筑之间的叙事功能。辟雍、泮宫在中国古代作为一种文化原型的传播，产生了极大的空间环境的影响，成为古代 "克明其德" "克广德心" 的建筑象征，同时也是整体社会彰显德化教育的象征，这种建筑在当代的全球化语境中更是传播华夏文明的经典原型。

第五章，中国的汉字组合在形声象形之间，通过推演其隐喻的空间结构，解读华夏文明的造物智慧。圭璋与规章的作用便是以珍贵的物质材料制作象形的信物行使崇敬，最初的圭璋直指高大的自然物像，但随着"愚公移山"这种战胜自然的力量增强，人们对山神的崇拜逐渐迁移到宗族鬼神上，伴随圭璋的祭祀活动，场域也变化为宗族祠堂内的宗庙祭祀。由圭璋到规章，更表明祭祀行为的伦理转向，圭璋更接近民间的信仰活动，走向现实生存语境的秩序法则，成为可以理解的伦理社会的书写语言，成为艺术设计活动中的美学法则。

第六章和第七章分别以玉璧对应宗庙社稷，以玉圭对应华夏文明的信仰。以玉璧为建成环境的品质，展现了中国建筑和造物对于圆形的偏爱。《周礼》云"苍璧礼天"，人们更愿意将苍璧的形态转化为建筑语言。中国人认为"天人合一"，天的圆和生命的圆相通，生命的圆呼应天的圆，天的圆护佑生命的圆。人们不仅寻找直接象形的生命空间，也同样概念性地创造出圆璧的形态隐喻。除玉璧外还有玉圭，文献记载的圭是既可礼山又可敬水的"瑞"器，其高直的器型表述了特殊的内涵。因此解读圭璧（规避）隐喻的神圣原型，就有可能理解华夏文明中象征思维与社稷发展及人伦关系的秩序源头，从而在当代世界文明体系中持续推进这种关系。

第八章透过玉解读玄黄玉色的空间关联，以玄黄为色彩二元表征下的玉石象征，比拟天地阴阳思维原型所构筑的伦理指向，延递"立像以尽意"中的华夏器物文化精神。解读先民通过推演物质表象而洞悉事物本原的运动规律，规避生存过程的险阻，将物质象征与神圣精神贯通在凡俗生活中，成为解决神秘未知与自然灾难的原型密码。当代有各种对于《周易》的权威解读，但对于其本真的原型思维仍然需要进一步建构，本文沿着坤卦"龙战于野，其血玄黄"，探索其显在的色彩原型和隐喻的原初之德，将玄黄二元的文化轨迹纳入传统造物的伦理系统中，以传播华夏文明在当代的价值。

第九章试从玉作为礼器，到玉璧在建筑结构视图中的呈现的三维转化，解读华夏中国终极所追求的圆满的创生循环隐喻。在创始神话时期，创始之神盘古、伏羲、女娲、鲧禹为人类创造生的空间，先民感知创始之神的智慧而传颂并延续传承。华夏创始之神创造出"生"的容器原型，从此，王者创建城郭与国家，智者创造秩序与礼乐，民者营造空间与物质。

第十章和第十一章，中国神话中蕴含着生活在华夏土地上的初民对宇宙空间的联想记忆和创造经验，其中既包含天地空间母型神话、空间再生演变神话，也有造物发明类的神话，它们最终都经过文化的符号象征而与实际的生活造物结合，又反身以实际造物升华延续为文化原型的叙事。本章选取广为流传的女娲补天中的五彩玉石、鲧禹治水中的石生神话，探索与玉石相关的建筑营造共生智慧。

第十二章和第十三章将《周礼》"六玉"作为支撑华夏文明传承上下5000年的编码体系，追溯最初的空间美学生态与体系的生成，解读以玉为道德的媒介物，在空间秩序中的超验感知。发端于西周的《周礼》"六玉"所"玉承"的是华夏文明的造物象征和礼仪交互的体系，这一体系使华夏中国从荒蛮无序走向秩序井然的文明。同时"玉承"思维又将华夏的智慧进行多维度的修正检测，使之衍化为儒家的政治、科技、生态、社会和谐的"天下情怀"，最后落实为知行合一、四野秩序的文明共同体。梳理并延展这个文明共同体的体系，赋予其现代意义的新实践便是本章的主旨。

全书在潘长学总主编的建议下，力求回应现当代设计问题，通过玉承唤醒更深层的对华夏文化原型的认知，求解其独特的经世美学和造物理念，梳理华夏文明的智慧体系，使之在未来能够为设计学的探源提供思考。玉承的文化在中国政治、经济等活动中担当着中心和主流地位，"尚玉"的心理也是中国文（儒）人政治意识的"治国平天下"思维。玉出自天地之精气，一方面是天地所化生，另一方面是化生万物和化生人的品格。华夏的设计进化不仅是中国的文明传承基石，也是人类进化的重要基石，因此只有在上溯始源、启迪未来的设计中才能够更加持续地传播华夏文明，从而实现全球语境的"天下大同，共向辉煌"。在当代数字媒介传播带动的全球化信息效应中，人们面对的是社会经济化进程中的急躁与焦虑，还要思考如何激活传统造物玉承一统的美学体系，使其在网络化生存中产生强大的震撼立场以应对网红带来的流俗放纵，并导引设计视觉形态传播伦理的精神风貌，以设计实践中的"如玉"般复归和"琢磨"施行的文化标准。

感谢武汉理工大学出版社的全体编辑老师，正是他们的视野使得这本书能够从开题到撰写完毕，同时他们的包容使得这本书得以出版。

还要感谢上海理工大学的庄锦炜和岑长凤同学，他们为本书的出版做了提供设计论文实践、校对格式、穿插图文等许多繁重的工作。

持续数年的思考与写作，尚有众多未能达意之处，敬请学界同人和读者指正，待后续再仔细斟酌修改。

熊承霞

2019年8月

目　录

第一章
《周礼》"六玉"与建筑空间体系的象征超越

　　《周礼》"六玉"（苍璧、黄琮、玄璜、青圭、赤璋、白琥）所隐喻的宇宙空间，可以解读为宇宙天地间的"二元"结构模型，其互补的二元感知构成了人类不同历史时期中不同建造活动与形态的基础。为了探明华夏建筑隐喻的精神价值，我们将使用文化分析中独特而非普遍的心理分析工具——原型理论来予以阐述。尽管原型并不代表人类的原始思维，但鉴于其在人类学中的表现，或许可以将之视为进入文明、联络文明的一种思维路径和钥匙。其成熟的在人类社会中可反复识别的文化意象，完全有可能对解释基因源提供帮助。坎贝尔认为："宇宙普遍的原则教导我们，世界上所有的有形结构——所有的事物与存在都是一种无所不在的力量的产物，它们产生于这种力量，在它们显形的期间予以支持和充实，而它们最终必须消融回去。"[①]

　　人的感官所能理解的形式和存在的范畴，最终通过实体的物质形象实现，这些物质形象能推动和唤醒心灵的抽象感知。人们发现，人类生存的生态语境决定文化的语境，而建筑是生态语境中的直觉和隐喻。人类前进的每一步、每一个行为在建筑中都有体现，如宗教礼仪行为的建构设施和国家秩序的建构设施，尽管建筑不是人类文明的唯一成果，但华夏文明数千年的文化传统却不断利用和使用建筑平衡着各种有序与无序的概念。建筑呈现和建构过程作为基础造就了秩序社会，而建成形式的物质造就了人与社会丰富的智能活动。由于现代建筑学的外来输入性和引进的他者思维，当下中国在乡土振兴中的民族精神和精神载体正在与传统文化原型切断联系，人们所见的城市都充斥着高大时尚的新建筑样态，而乡村则是一种乡土样态。因此中国建筑亟待回到自身的民族谱系中，从传统断裂的地方在现代化的新路程中重新开始华夏民族风貌与特征的再建设。

---

　　① 约瑟夫·坎贝尔. 千面英雄：奠定坎贝尔神话学理论基础的经典之作[M]. 朱侃如，译. 北京：金城出版社，2012：165.

一、《周礼》"六玉"的空间象征

赫尔德说:"文化特别是母语是每个民族的根和每个人的精神归宿。"[①]任何一种文化都有其独特的文化原型基因。考古学、民族学和文化学的研究成果表明,中国先民在"茫茫禹迹"的洪荒岁月中,既要解决自身的生存问题,又要从对生命活动的直接诉求转向对文化活动的诉求,艰难的生态环境激发出华夏人披荆斩棘、顽强拼搏的世界观,在"天工开物"的养蓄下形成"工匠精神"。玉石作为自然界的材料,始终伴随华夏文明与文化的前世今生,给予华夏文明特殊的气质,成为国家与民族的象征。因此人们对玉石进行精神与信仰的塑造,以《周礼》"六玉"对应了中国先民的宇宙空间、色彩隐喻、精神指向的象征系统,玉便成为华夏民族的精神归宿。(图1-1)

图1-1 《周礼》"六玉"

文化是人类生存的规范、准则和艺术精神的综合体现,文化与人的关系决定文化学中的人类学属性,文化与人的生存关联决定文化学中呈现的问题能够被人类主观和客观接受并传播的功能。传播的广度与力度、呈现的美学与哲学,都离不开具体的物态对于抽象象征的表现,即造物中的文化解读,设计中的"文而化之"。

---

① 张兴成. 赫尔德与文化民族主义思想传统[J]. 西南大学学报(社会科学版),2012(1):84.

《周礼》"六玉"便是中国文化中能够转化的重要符号。

古代中国的空间认知凝聚在礼玉六器之中，玉石的道德体系一直在中国传扬，但其中的宇宙空间认知及控制方位的功能却被遮蔽了。《周礼》记载："以玉作六器，以礼天地四方：以苍璧礼天，以黄琮礼地，以青圭礼东方，以赤璋礼南方，以白琥礼西方，以玄璜礼北方。"（图1-2）

从圆璧开始，先民确定垂直空间的顶层形态——覆盖，即后世盖天说的来源，与垂直空间对应的是地基，如以琮作为象征，琮内方外圆，恰似盖天说的形象，类似先有地的实在体托举出的空间。琮的外圆除了可能的映天外，似乎也可理解为日月与土地的空间关联。由璧和琮对应的天与地便构成一个上下连接的虚空间，犹如建筑之顶覆和地台联系的空间。玉圭的原型是对空间四面体的支撑，圭空间的纵深对比，如果以叠加的双层土解读"圭"，则可追溯"建木"的原型，它为众神上下之天梯，因此这里面便有一种天地联系柱的寓意，它们与璧、琮构成了一个完整的六面体围合空间，隐喻对宇宙空间的方位控制和实际空间体的掌握。玉璜形态如"虹"，是先民对"洪水滔天"的集体记忆。神话记载，黄帝、鲧禹、共工虽都千辛万苦治水，但仍然无法抗衡洪水的威力，古人对于无法控制的自然之力，会产生超越的思维（这可能是玉璜形态的由来），以便能够控制自然之力。因此《周礼》"六玉"具备了空间的指向，笔者认为六玉的空间指意至少有如下象征（图1-3）：

空间方位的控制，即控制东、西、南、北、上、下六面；

万物生命色彩的控制，即控制五色；

物质与精神象征的共同体。

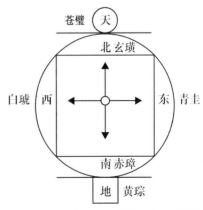

图1-2 《周礼》对应的天地空间

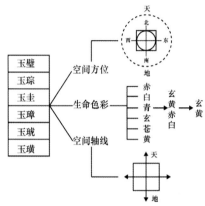

图1-3 《周礼》"六玉"的空间指意

先民"以玉礼天地"是因"礼神者，必象其类"，也就必然产生探索接近天地的物质。唯有玉之温润能够比拟天之青、水之蓝、地之黄……先民将天之色谱与玉石的色谱进行了类比：苍、玄（黑）、白、赤（红）、青（蓝）、黄。玉石被赋予的特殊价值，成为人造之美的最初来源。

二、以苍璧礼天

先民用苍的无限模拟天的质感和形状。人天关系中天外有天的无穷空间概念以圆璧的同心圆来表述，这种同心礼天的功能及形态隐喻完整地保留在北京的天坛圜丘建筑上。《说文解字》解释："璧，瑞玉圜也。"璧有双圆，内外同心，中央的圆孔或者代表着天与日月，或者是用于看天。古人认为天是圆的，所以仿天而作璧。《周礼》郑玄注："礼神者，必象其类，璧圆象天，琮八方象地。"人敬天、理解天的各类思维，祈望与天进行沟通的隐喻，都通过持璧行为予以表征和联系。

对于苍璧的色彩，《说文解字》如是说："苍，草色也。从草，仓声。"而这草色究竟是青草的颜色还是枯草的颜色，还是代表草的所有颜色？笔者认为苍代表草的颜色变化。事实上，在《说文解字》之前，苍的概念应该是各种中性色彩的杂糅，因天的变化就很丰富，苍璧礼天就是要寻找一种拥有丰富色彩的物质来象征天之无垠。人们常常说"苍天在上"，《诗经·秦风·黄鸟》曰："交交黄鸟，止于棘。……彼苍者天，歼我良人！"开篇交代主体黄色，又把荒凉的棘与鸟的飞行结合，表述出一种"苍"的意境，为后面"茫茫高远的苍天"埋下伏笔。《墨子·所染》曰："染于苍则苍，染于黄则黄。"墨子以染丝比喻环境对人的影响。"苍"与"黄"是相对的，黄为高亮度的纯色，其对应的苍应为杂色，大抵为一种青、绿相混合的色彩。

文化大传统时期的人和现代人思维不同的是，现代人可以用天文望远镜观察宇宙的变化，可以利用影像获得对天的客观认识。然而文化大传统时期的人对天的思维可能是一种视觉上的直觉，在直觉关照之下便寻找接近天的物质，制作成象征天的形状，以进行礼天的祈愿。自然界中常见的物质状态一般为三种：液态、固态和气态。固态中最持久坚固的是石头，古代人对于工具、兵器的最早实践也是石头，而"石之美"的玉，成为人们表述尊贵的象征物。苍璧成为约定俗成的宇宙象征物，苍璧直接的色彩生命使其成为通神的媒介，持有者因此而彰显身份的尊贵。

随着象征语境的变迁，礼神之人与凡俗之人虽然身份不同，但对于玉璧的象征认知是相同的。为了标识身份的尊贵，人们通常会悬佩玉璧。《礼记·聘义》中记载着孔子这样的一段话："夫昔者君子比德于玉焉。温润而泽，仁也；缜密以栗，知也；廉而不刿，义也；垂之如队，礼也。"表达了人们为了道德的心性而特别佩戴一种玉，用以约束和保持高洁的气质。当人持玉、佩玉行走在天地间时，对身体延伸的空间的诉求便激发人们构建一种与天协同的建筑空间。这种思维在西方促成了建造宗教教堂，在中国体现为坛丘、坛庙的出现。最先由一处高起的地台丘表达敬神礼天的空间限定，有的丘仅仅是以石头或其他物质围合限定一个区域而表述特定的空间，其后逐渐发展到在丘的四周架上柱子，形成半实体空间，中国建筑由此形成了木柱与梁的组合。

《周礼·冬官考工记》中记载了当时王城的规划："匠人营国，方九里，旁三门。国中九经九纬，经涂九轨。左祖右社，面朝后市。市朝一夫。"说明当时坛庙已经被标明在一个显著的位置上，王城每边长九里（约4.5千米），各有三个城门，城内纵横各有九条道路，路宽有九轨（两车轮之间为一轨），王宫居中，左面是祭祖宗的庙，右面是祭社稷的坛，前面是朝会场所，后面是市场。中国建筑的方位是坐北向南（上南下北）、左东右西，左边是太阳升起的地方，是海洋，右边是日落的地方，中国的神圣山（如昆仑）皆在西部。这种方位思维显示出文化大传统时期人的九州空间方位智慧，既符合科学的日照要求，又表达敬畏的神圣指向。

综上所述，苍有二元指向，二元之间有着逻辑联系，无限大与杂糅的色彩恰好表达天（宇宙）的丰富内涵。玉石形美而颜色丰富，所以成为喻天的物质，这种思维体现了中华文化原型的集体记忆。后世玉璧逐渐由天尊的象征走向人格道德的符号。

玉璧超越其能指，也与中国的宇宙观有一定联系。中国古代的宇宙观主要有三种，即盖天说、浑天说和宣夜说。

盖天说的发展过程分为两个阶段。早期的盖天说认为"天圆如张盖，地方如棋局"。穹隆状的天覆盖在呈正方形的平直大地上，但圆盖形的天与正方形的大地边缘无法吻合。于是又有人提出天与地并不相连，而是像一把大伞悬在大地之上，地的周边由八根柱子支撑着。之后在第一阶段的基础上，盖天说转变为"天象盖笠，地法覆盘"，认为天像覆盖着的斗笠，地像覆盖着的盘子，天和地并不相交，之间相距八万里。

浑天说的看法是"浑天如鸡子"。天（宇宙）好比鸡蛋壳，而地则是其中的蛋黄，地被天包在当中。最难能可贵之处在于，这种观点认定宇宙是无限的。正如张衡所说："过此而往者，未之或知也。未之或知者，宇宙之谓也。宇之表无极，宙之端无穷。"宇宙之中的物质，关键在于气质。

宣夜说的主张是"天了无质"，"日月众星，自然浮生虚空之中，其行其止，皆须气焉"。认为宇宙是无限的，宇宙中充满着气体，日、月、星辰都漂浮和游动在气体中。

而这些宇宙学说依然体现在人类的建筑行为之中。从古罗马的万神庙到亚马逊公司为员工建造的"三蛋雨林"（图1-4），既是回应亚马逊热带雨林的原始境界，又是在现代商业空间中打造"历时性"和"共时

图1-4 亚马逊办公室

性"的物质文化遗产记忆。亚马逊三球空间，以世界各地的4万多株植物、瀑布、石子道、被绿意环绕的特色"鸟巢"空间、原木色的装饰栈道重置雨林场景，让员工在森林般的繁茂环境中身临其境，重温文化原型，在现代性的荒野中沉思，与科技时尚碰撞出灵感火花。

在中国北京人民大会堂西侧，西长安街以南，总占地面积11.89万平方米，总建筑面积16.5万平方米，宛若巨型"浑天仪"的建筑是国家大剧院。其内部高雅的视听空间吻合人们内在心性的高贵追求，形成空间与身体的交互；外部构造是钢结构壳体，各种通道和入口被巧妙隐藏在水面下。半椭球形的剧场如水中明珠，又如日出东海，其平面投影东西方向长轴长度为212.20米，南北方向短轴长度为143.64米，建筑物高度为46.285米，美丽的巨蛋在白天黑夜扩散着耀眼的光芒。原型的集体记忆在现代建筑中重现。（图1-5）

三、以黄琮礼地

"琮"，音同"丛"，从其字源演变（图1-6）可以看出，"琮"的原形是方正的，四方共同面对中间的地方，以玉为形，载入礼册为"瑞玉"，其功能非一般意义上的祭祀。《周礼·春官宗伯》说"以黄琮礼地"，琮外八角而内圆，八角取八方象地之形，中虚圆以应无穷象地之德；又类似人的肌肤与土地之色，故成祭地之物；又《周礼·冬官考工记》规定琮所对应的祭祀等级："璧琮九寸，诸侯以享天子……驵琮五

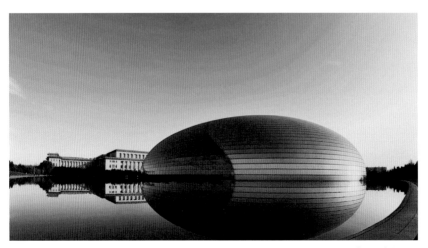

图1-5 中国国家大剧院

寸，宗后以为权。"

琮，中央为圆筒状，外周呈正四方形，因此玉琮又叫天柱。有一种琮是在四方之外切去四角而成八角，似乎指"四面八方"（图1-7）。仅仅从直观的外方隐喻思考，琮的形状似乎又是直观的"脚踏实地"的意象，四方角较之圆形更加具有方位意象，这里的"方"应该是指东南西北，甚至是指东夷、西戎、北狄、南蛮。玉琮或许有诏令天下之意。

从颜色上分析黄琮，中国的土壤绝大多数属于黄土，以黄色为琮礼器的主色，符合掌握土地的思维。内圆，较之玉璧的同心圆更表达了一种对宇宙日月认知的智慧。

琮的出土，多见于良渚遗址和三星堆遗址。良渚遗址中出土的琮不仅有素琮，还有一种沿正方形对角线的两个方向绘制的人面像，似乎很明确地标识巫（王）持有这个外方内圆的器物能够行使某种超越性的意思。古代先哲认识宇宙空间的思维是"天圆地方"。《曾子·天圆》里就说："天之所生上首，地之所生下首，上首谓之圆，下首谓之方，如诚天圆而地方，则是四角之不掩也。"（图1-8）

外方内圆的琮最神秘，中间的圆被四角相掩，以往的文献常常将其与天体联系在一起。事实上日出东方而落在西方，月升西方而降在东方，两者之间似乎遵从一种秩序和规律。琮的外方形态有将两者包裹其中的意思，尤其是如图1-8所示的良渚玉琮，其外立面上雕刻着头戴羽冠、驾驭双凤的"神巫王"，如披头散发的巫师。琮便是跳巫舞之时使用的法器，以敬畏日月或收日月于"囊中"，此时人们对于日月规

甲骨文　　父丁爵（金）　　亢鼎（金）
　　　　商代晚期或西周　西周早期

图1-6　"琮"的字源演变

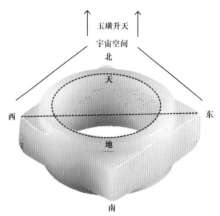

图1-7　玉琮的四面八方隐喻

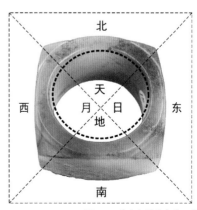

图1-8　外方内圆的良渚玉琮

律有了一定的掌握，历法也许能够说明这一点。河图洛书的规律隐喻便有日月天地规律之意，如图1-9所示河图洛书之空间意象。琮的外方隐喻人类已经意识到土地的重要功能，较之玉璧单纯对应天，琮礼地已经发源出一种农耕意识。如联系盖天说，盖天说是天掩盖着地，而琮则是地包裹天，显然史前人类已经有了"人定胜天"的意识。中国自古是农业国，四周地理环境比较安逸，依赖脚下的土地存活，所以对土地的特殊情感催生出了安"家"（空间）建造、安土重迁、保卫家园等观念，模拟天地空间构置人间空间，为使这个安全空间具备生存、再生、复生的功能，这个空间便需要与日月拥有相同规律；为了获得天神的肯定，人们必须保持礼敬的行为。在行为与内在心理的共同作用下，具有法器作用的象征物，成就了族群的共同心理。然而，这个象征物如果人人持有，显然无法从话语权上拥有"天帝（神）—天子（巫）"的唯一性，所以这些玉琮便只有少数王者能够拥有。在进一步的话语权主导之下，《周礼》六器规定了其"通神明，立人伦，正情性，节万事"的合法性质，六瑞作为控制灾难的法器经话语权主导也成为统一的认知。

在安徽含山县凌家滩遗址中发现的玉器都呈现出了"天圆地方"的早期宇宙观之端倪。（图1-10）

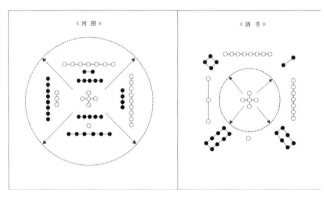 

图1-9 河图洛书之空间意象　图1-10 安徽省含山县凌家滩遗址　天圆地方玉版（手绘图）

对于"天圆地方"的认知，也表明了"地方"对人们生存的重要性，方形较圆形稳定，更能够体现秩序、规律，同时也更加有利于建筑技术的发展。事实上，《黄帝内经》中也有古人对宇宙、空间、大气的记载。《黄帝内经·素问》"五运行大论第六十七"，就有这样的描述："帝曰：地之为下否乎？岐伯曰：地为人之下，太虚之中者也。帝曰：冯乎？岐伯曰：大气举之也。"其意思为"黄帝问岐伯：大地是在下面吗？岐伯回答说：大地在人的脚下，在太空之中。黄帝又问：那么它凭借什么存在于太空呢？岐伯回答说：有大气托举着（悬浮于大气之中）"。

"天圆地方"如果从义理上分析，方形的物体更具稳定性，而圆形的物体则具有不稳定性，如球体总是无法固定而滚动。圆形物体所具有的"不稳定性"和白天黑夜、刮风下雨、风云万变的"不稳定性"似乎是一致的。西汉扬雄在《太玄》中说："圆则杌陧（意为不安定），方为啬咨。"借喻是古人常用的修辞手法，天的"易变"对应的便是"天圆"；而土地稳定，土地上的建筑物变动较少，大地的稳定性与方形的稳定性类似，于是就有了"地方"。智慧的古人将"地方"的特征与"天圆"进行了一种类比总结。中国建筑的建造形态、布局、结构方正庄严，从秦始皇陵的"方上"陵台到明代皇陵地宫上的圆形宝顶，从建筑的方砖圆瓦到方梁圆柱，从民间的四合院到皇家的宫殿，无不讲究"天圆地方"。

中国古代的建筑中，以琼为隐喻的围合建筑上至国家庙堂，下至百姓合院皆有，中正轴线的布局便成全了中国人的建筑伦理思想。这种建筑思想映射在日本的建筑思想中。在日本札幌附近，安藤忠雄在盛开着薰衣草的山丘上，设计了一处下沉式空间，巨大的圆形空间露出了半颗佛头，这置身在广域的方地之中的一座佛堂，体现出空间与宗教很好的融合。（图1-11、图1-12）

图1-11　北京天坛圜丘及轴线

图1-12　安藤忠雄设计的佛堂

四、以青圭礼东方、以赤璋礼南方

《说文解字》记载："圭，瑞玉也。上圜下方。公执桓圭，九寸；侯执信圭，伯执躬圭，皆七寸；子执谷璧，男执蒲璧，皆五寸。以封诸侯。从重土。楚爵有执圭。"《汉书·郊祀志上》记载："圭币（帛）俎豆（均为祭器）。""圭"是"珪"的本字。圭是"六瑞"之中名称最为繁杂的一种玉器，在《周礼》中记载的各种圭名多达十几种。"圭"的本义是指用作礼器的瑞玉，又指古代测日影的仪器"圭表"的部件。垂直竖立的受光柱叫"表"，在"表"的底端正南或正北方向水平放置的刻纹玉条叫"圭"。天文学家通过观察、记录和综合"表"在"圭"上具体投影的刻度位置，推算时间进程，确定农时节令。如果从刻痕上联系到八卦之符，也许汉人的解读还可进一步拓宽，乾坤便是符号。从洛书九宫图可以看出数、卦、方位的一一对应关系。以推理的方法，假定圭代表天地中心，圭上的四条刻痕便代表东西南北或上下左右。

《孟子·梁惠王》记载："文王以民力为台为沼，而民欢乐之，谓其台曰灵台，谓其沼曰灵沼。"灵台是西周的地面遗存，灵沼是西周的水面遗存，两者共存于灵囿范围中。圭为青色，对应东方，中国东部临海，可直观地理解为海水之蓝青，因此圭或有祭祀海的寓意。

圭和璋总是相依相存，《庄子·马蹄》中有："孰为圭璋。"《说文解字》中有："璋，剡上为圭，半圭为璋。"因此圭、璋形态同理，作用功能既有同类指向又有特指向，见于后续章节专议。

现代社会，中外对于纪念性的空间象征，一般都会联系到"碑"，中国的"华表"、意大利的"图拉真纪功柱"、法国的"凯旋门"、古埃及的"方尖碑"等都是这个神圣纪念思维的再现。（图1-13）

图1-13　玉璋、玉圭及华表（轮廓图）

五、以玄璜礼北方

　　洪水滔天，四处汪洋，通行的条件便是"桥"。天地相连，人神两望，通行条件便是"虹桥"。后者的思维延续在牛郎织女的传说中，吉祥的喜鹊架起鹊桥，将人们对玄鸟的崇拜与虹桥的空间联想串接在一起。

图1-14　玉璜、鹊桥及彩虹

《说文解字》曰："璜，半璧也。"璜即为半璧形。但目前发现的璜，绝大多数为璧圆弧的三分之一，只有少数接近二分之一；另一种较窄的弧形璜是祭祀北方的礼器，是一种祭天的玉器，也有人认为它的形状是古人仿照雨后天空中的彩虹形象而创造的。明朝景翩翩有诗作《宿虹桥纪梦》："梦镜还堪忆，虹桥的可疑。岂因填鹊至，重与牵牛期……"神话传说与文学的双重记忆，神话与建筑的双重构建，祭祀行为与精神信仰的双元合一，便是中国智慧的表现。（图1-14）

六、以白琥礼西方

玉琥最晚加入"六玉"行列。从玉琥的特征及出土情形分析，玉琥更具有玉符的性质，具有"合符"的痕迹，也可称为"玉琥符"。《说文解字》曰："琥，发兵瑞玉。为虎文。"本义为雕成虎形的玉器，作发兵用的虎符。守军守国，玉琥堪为保护空间之物。虎符由左右两半组成，两半的形状、铭文都是相同的，合在一起就成为调兵的信物。两半虎符的背面各有榫卯，一一对应，就好像一把钥匙开一把锁一样，只有同为一组的虎符才能合在一起，才能起作用，这就是"符合"二字的来历。战国时，信陵君窃符救赵的故事，充分说明了虎符的作用。

符是古代朝廷传达命令或调兵遣将用的凭证，双方各执一半，以验真假。《说文解字》曰："符，信也。汉制以竹，长六寸，分而相合。"段注引应劭云："铜虎符一至五，国家当发兵，遣使至都合符。符合乃听受之。"

现藏于陕西历史博物馆的秦文物展厅中的战国杜虎符（图1-15），于1975年在陕西省西安市山门口镇北沈

图1-15 杜虎符

家桥村出土，作走虎形，背面有凹槽，颈部有一穿孔，长不足一握，高仅为4.4厘米，造型传神夸张。杜虎符上刻有错金铭文四十字，大概意思是说右半符存于君王之处，左半符在杜地军事长官手中，凡是要调动50人以上的军队，杜地将军的左符就要与君王的右符会合，会合后才能行军令。但遇有紧急情况，可以点燃烽火，不必会合君王的右符。

秦代阳陵虎符现藏于中国国家博物馆，作伏虎状，虎背左右各有错金篆书铭文"甲兵之符，右才（在）皇帝，左才阳陵"十二字，是秦始皇统一六国后给驻守阳陵的将领的兵符。杜虎符和阳陵虎符都是虎形铜符，一剖为二，一半存于中央朝廷，另一半发给各地郡、府，如果派遣使者带着虎符到各郡、府发兵，须以朝廷所存的半个虎符为凭证，如果合符，即令发兵。

汉代兵符上承秦制，但略有变化。秦代虎符上的铭文刻于符左右两侧，两侧文字相同，不用合符就可通读。汉代虎符则不同，铭文刻于虎脊之上，骑于中缝，只有合符之后，方可通读。1989年在陕西省咸阳市秦都区沣西乡李家村出土了一合完整的汉代铜质虎符，虎符长5.8厘米，错银、篆书，脊文八字："与齐郡太守为虎符。"魏晋南北朝时期，虎符沿用不衰。唐代将虎符改为鱼符，宋代以后改为牌状。

综上所述，《周礼》"六玉"并不仅仅是器物或者石料，而是礼制谱系的文化象征。从新石器时代中晚期开始，因自然世界无法被超越，行巫祭祀者便以自然界中珍贵的上等玉制作礼器，人们相信天地万物中有神，只有礼敬天地万物，借由玉器特有的质地、造型、花纹与符号，产生感应的法力，才能与神祇祖先"沟通"，汲取他们的智慧，获得福庇。人们相信天圆地方，更认为以物可以治心，圆璧与方琮的形态联系着天神与地祇，人们最终获取自然神赐予的神力。经由神赐予的空间及生命，有时万物和谐、风调雨顺，有时电闪雷鸣、灾难循环，上古社会的人便想象灾难之神的形貌，抽象提取原型后形成极具深义的符号，刻绘在玉器上，以礼敬之。在史前的人类世界，个体、国家、宗庙地位的高下，人与神祇祖先关系的亲疏，都以玉表示。以重器礼敬神并建立人神之间的沟通渠道，也催生出人际间的和谐关系。《周礼》六器作为象征身份、地位的玉器，成功地催生出各种秩序。

（1）神人建筑秩序：第一级为天界"玉皇大帝"，对应"琼楼玉宇"般的庄严与神秘；第二级为民间"皇帝"，对应"雕栏玉砌"，表现了建筑形态的"朱干玉戚"及身份、地位的"珠规玉矩、玉叶金枝"；第三级为凡俗的子民，表现为建筑的"金马玉堂""玉叶金枝""玉柱擎天""玄圃积玉""谢庭兰玉"。

（2）神圣巍峨的象征：第一级为昆仑"玉圭神"组构的象征，以"玄圃积玉"构成敬畏；第二级为凡俗精神的象征隐喻，以"谢庭兰玉"为表征。

（3）道德谱系：自东周开始，中国的文化秩序及人文思想逐渐成熟，后经百家争鸣而"独尊儒术"，儒家将传承自原始宗教的文化成分进行了道德化和生活化，"君子比德于玉"的观念体系逐渐被推行。人们以佩玉、执掌玉作为道德谱系的第一级象征，以"玄黄赤白"之玉为尊，以"存玉玺"作为天子的王权、身份、财富的象征；第二级为君子的道德象征，形成凡俗百姓"悬玉佩"的心性、道德和君子美学标准。

第二章
玉琮的营造隐喻：从营"方台"到筑"圆丘"

本章通过对文化大传统时期传世之玉琮形态的多角度分析，探究上古时代营造原型"方圆"之间所指征的造物"句法"。"玉"礼之崇威经由方位场景所指而显示出后世儒家仁礼承载的语义，"圆丘"建筑的方位及场所精神与玉琮的"寓地拟天"同样表述了天地宇宙的图式逻辑。

随着文化人类学和"中华文明探源的神话学研究"项目的成果突破，文化大传统时期的玉礼器上升到新的高度。在考古出土的玉礼器中，玉琮一直是神秘而多解的对象，这不仅是因为它的延伸所指和加工技术，更多还体现在"礼天之道"的能指上。长久以来，中国以儒家思想为主导，儒家"礼"待万物，智慧地将心性道德与伦理教化转译到各种可视化的凡俗物质语境中。历代文献中对玉器的崇礼记载也反映出玉琮既占据中华文化信仰的核心地位，又传递天地之气韵和伦理之善德。华夏文明具有多源流、多民族的特点，玉为"国宝"的概念及其观照的玉礼信仰价值系统却是"多元归一"的。3000多年前周王室记载了各地进献的宝物，"越玉五重，陈宝，赤刀，大训，弘璧，琬琰，在西序……大玉，夷玉，天球，河图，在东序"（引自《尚书·周书·顾命》）。周成王遗命交代了越地进献的玉等宝物所放置陈列的位置，玉在犹如国在。可见，玉被赋予的不仅仅是经济价值，更多的是其所类比的"人类活动编码空间结构"。在此，我们将试着将玉琮的形制与华夏营造的原型"踪迹"相联系，以期探讨传统建筑层层重叠的空间造型中隐喻的营造图式价值。

一、玉琮"礼"四方与高台建筑之间的原型符号象征

《山海经·海内北经》记载："帝尧台、帝喾台、帝丹朱台、帝舜台，各二台，台四方，在昆仑东北。"《山海经》所载地点有待考

证，但四方台之形态空间概念由此明确。《山海经·海外南经》记载：
"地之所载，六合之间，四海之内，照之以日月，经之以星辰，纪之以
四时，要之以太岁，神灵所生，其物异形，或夭或寿，唯圣人能通其
道。"这段记载表明大地万物的形状和规律皆为神灵所造化，其中的道
理需要圣明之人加以沟通解读，高台恰好承接天神的呼应，这也是后世
"奉天承运"的原型。可以想见，在神秘的宇宙万物面前，人礼天、登
高台、感日月天赐的生活，今人看作仪式，但仪式和神秘象征作为感情
和欲望的催化剂，使人们满足于将经验融入"存在化的结构"中并得以
笼罩在神圣光晕之下，从而拥有强大的超控制能力。

"繁复的祭祀仪式活动，必然催生围绕着祭祀礼仪而形成的早期符
号——图像和充当符号的物，从陶器、陶文、骨器、蚌器到玉器，再到
青铜礼器，这些都是先于汉字的最早形态甲骨文而存在的华夏文化符
号。目前看来，最能够体现华夏精神信仰特色的持久性的前文字符号是
玉礼器，而生产和使用玉礼器的行为受到神话想象的支配，每一种玉器
形式都包含一种神话观念。"[1]仪式反映神话信仰，仪式展演所用的"中
介物质"代表对神灵的欲求心理。玉本身的材质细腻温润，在万物有灵
的思想下，这种通体致密细腻的石头更具灵性，再将神圣的拟象加注其
上，自然也就具有更深刻的意涵。

璧与琮分别象征天与地。璧为同心圆；琮外方内圆，琮的方寓地、
圆拟天。琮的功效如同"纪念碑"的价值，李永平先生认为"象征性资
产在史前大传统的文化编码中具有原初特点，我们把它称之为'纪念碑
性编码'。正是其'纪念碑性'的编码作用，使得原初编码的'物'，
成为特定文化的原型性象征"[2]。玉琮的象征编码体现在器身的装饰上。

① 叶舒宪. 为什么说"玉文化先统一中国"——从大传统看华夏文明发生[J]. 百
色学院学报，2014（1）：4.
② 李永平. 一代有一代的编码：论纪念碑性玉器的编码想象[J]. 百色学院学报，
2014（1）：16.

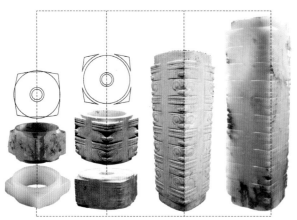

图2-1 不同高度的玉琮有着不同的意涵

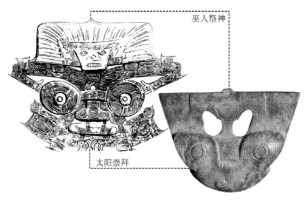

图2-2 玉琮的面具表现

除了"线状环绕"装饰外，良渚遗址出土的玉琮，其独特之处还在于四个方角处雕刻有鸟形饰样，接近列维·斯特劳斯所指的亚洲区域的"拆半表现"装饰风格，其中有严格的"面具"对称效果，其意暗指：持琮在身，等同于获得玉礼器行使管辖天地的权能（图2-1、图2-2）。多数玉琮的切割面精细，呈六面体，在没有测绘仪器的数万年前，这种精确的六个面的空间认识，或许来自洞穴生活的模拟，或许来自制作工具器物时的宇宙比附推想。由小传统以后文献所载的"天人合一""万物共生"与空间维度指向上的宇宙一体，可见文化大传统时期的大时空观念包括自上下（天地：平面视向）到东西南北（四面：立面视向）各个方位，人在此空间中得天独厚。一方面潜意识崇敬四方而待之以礼，另一方面也有对空间万物的掌控之意，这些思想观念直接通过造物叙事而传译。史前人类虽对于"天、地、人"态度同一，但事实上只能以中介物传递"对话"，显示人类的智慧，天梯（高台）、霓虹、鹊桥等都曾经作为象征出现在神话传说中。玉的质地坚硬如人的筋骨，色泽润柔如人的肌肤，经琢磨遂成为"通天意向"的灵物。史前人类带着上述观念制作出各种形态的器物，每一种形态都是天地万物的意向象征。玉琮外方中直，内壁圆融对称，其可"礼"天地，特殊的形状更是寓意深刻，琮是祭祀六器中唯一包含"天圆地方"的大礼器。"本无宇宙论意义的琮的'外方内圆'形制，却可能在一定时期跟原始宇宙观'天圆地方'的概念相契合，从而为古人所利用，逐渐使琮成为'宇宙—天地'具体而微的象征。"[①]这进一步印证"璧圆象天，琮方象地"的道理，由于其形态的宗教价值，后世"物质叙事营造"中建造的北京天坛及其群落，园林中的攒尖亭、井沿造型、藻井等形态，都可谓"类玉琮"建造，其原型同玉琮。玉琮在良渚遗址中出土最多，良渚考古发现有"琮王"，通高8.9厘米、上射径17.1～17.6厘米、下射径16.5～17.5厘米、孔外径5厘米、孔内径3.8厘米，做工精美。良渚文明距今5250—4150年，接近于考古界流行的"铜石并用时代"。[②]但根据叶舒宪教授所言，中国曾经有一段高度文明的"玉石文化"时期，否则难以解释为什么会有那么多形制特征在今日看来都属于"超难度"的玉器形态。玉石种类特异，从器物的生活化角度而言自然逊色于金属器具，而且开采、运输也很不易。"玉器时代虽然因为融入青铜时代而宣告结束，其所带来的文化价值观，已经积淀为本土文明的核心理念，并通过玉能代表天命、玉能通神或通灵的概念、'宝'物的概念和'玉德'概念等，传承后世，对中国文化产生出不可估量的深远影响。"[③]后

---

① 萧兵. "琮"的几种解说与"琮"的多重功能[J]. 东南文化，1994（6）：45.

② 严文明. 论中国的铜石并用时代[J]. 史前研究，1984（1）：36-44.

③ 叶舒宪. 中华文明探源的神话学研究[M]. 北京：社会科学文献出版社，2015：228.

世文学词语中同样隐喻着玉所凝聚的"营造建筑原型"功能，如"琼楼玉宇""雕栏玉砌""抛砖引玉"等，高贵的物质材料与营造的结构一方面延续文化大传统时期积存的造物通德，另一方面物化为使用者祈望的仁礼思想与信仰符号代码，成为华夏文明中思想与信仰的认同要素。

二、由玉琮而承"制器尚象"的造物思维

《尚书·虞夏书》中说，尧"协和万邦"，舜"光天之下，至于海隅苍生，万邦黎献，共惟帝臣"。《左传·哀公七年》中说，"禹合诸侯于涂山，执玉帛者万国"。由此可见，尧舜禹时期的中国社会关系，已经不是简单的氏族部落关系，社会阶级贫富分化明显，"万国"交往争斗频繁。《论语·尧曰》记载："尧曰：'咨！尔舜！天之历数在尔躬。允执其中。四海困穷，天禄永终。'"《尚书·虞夏书·大禹谟》记载："人心惟危，道心惟微，惟精惟一，允执厥中。"表明治理与疏导在于方圆之"和"与"中"，由此在建造聚落方面也必须有一定的"规划"。早在7000年前的仰韶文化时期，人们就把墓穴设定为"天圆地方"的自然样式。这个设定从构造美学的角度看，体现"均衡、中正、共生"的思想，表明三皇五帝对于治理山川万物的原始的平衡思想，映射小传统以后的造物思想及治国态度。营造活动的"方圆相胜"对应天、地、人的符号图示，无形的神喻在建筑的中介下传播着原始意象，建造中不断更迭与各个时代适应的礼制秩序，原始环境与营造场景通过轴线而成就华夏中国的社会道德与群体样式。（图2-3）

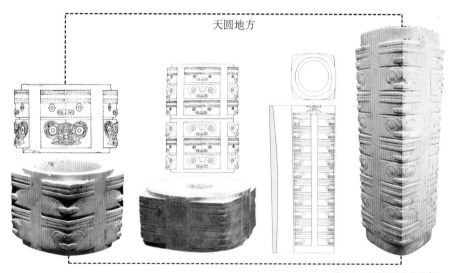

天圆地方

图2-3　玉琮天圆地方的象征

　　《论衡·自然》谓："夫天覆于上，地偃于下，下气烝上，上气降下，万物自生其中间矣。"这也许是玉琮"中和"形态的由来，玉琮代表天地之气，天地阴阳相生而合秩序。张光直认为，"琮的方、圆表示地和天，中间的穿孔表示天地之间的沟通"①。远古时期，凡一物的设计均带有其"拟像"特征，内在的敬畏情感表达在对自然万物的直观模拟中，天地的形态就必当映射至设计之形中。《周礼·冬官考工记》中说："驵琮五寸，宗后以为权。大琮十有二寸，射四寸，厚寸，是谓内镇，宗后守之。"这里表明玉琮代表人间之祖，要置于建筑之中供奉，也许是繁衍子孙与国力的比拟。《说文解字》中说："宗，尊祖庙也。"氏族内部血缘关系之源头为宗，有祭天地之能。也有人说琮应为聚合围拢为立体形的水井，井中的水就是从四面八方聚集到中央供人们饮用。因为古人生活离不开水源，故人们对此非常重视，要经常祭祀它。②台湾邓淑苹女士更是由此推测出璧琮的使用方法：在竖立的琮上平置以璧，以木棍贯穿圆璧和方琮的中孔，组合成一套通天地的法器。段渝教授则认为："宗后以不同形制的琮为权、为内镇，诸侯亦以琮作

　　① 张光直. 考古学专题六讲[M]. 北京：文物出版社，1986：10.
　　② 陈昌远，王琳. 说"琮"[J]. 华夏考古，1997（3）：50.

为享献宗后的瑞器，可见琮是贵族妇女中地位最尊贵者的标识，象征着宗后的高贵与尊崇。"[1]无论玉琮有多少种象征，其扮演的角色有多么复杂，从玉琮的制作技术难度看，这种形态只有在表达一种天赋神权之时才值得制作。再从使用的玉材分析，只有质地坚硬的石种方可胜任，绝不似其他"圭、璋、璜、琥"所用的材料；再者，史前人工"雕琢"，玉琮需要用整块的石材进行制作，制作一件耗时耗力，因此目前出土的玉琮的数量和区域较少。从出土文物看，玉琮大量出土于浙江良渚遗址和山西陶寺文化遗址中，越是较少出产、难度较高的形态，所表征的内涵越多，在后世的变迁中，必然有象征性延续或替代。王仁湘先生说："考古发现的环璧类玉石器，更多的可能是献享用品，或者说它们原本曾是献享用品。后来它们可能被派上另外的用场，祭祀场所和敛尸的墓穴应当是两个主要去向。"[2]献享是一个反复的过程，献享的礼物不断地积累，越在高位，琮璧便会积累得越多。那么三星堆遗址中出土的那件重要的十节玉琮，是否隐含着文化大传统时期的"射日神话"？成都金沙遗址博物馆的朱章义认为：金沙遗址出土的十节玉琮仅一件，玉琮整体分节分槽，外形瘦高，纹饰复杂，有微雕人面图案，通过对雕刻工艺、玉质、年代、纹饰的分析，确认十节玉琮来自"外来"的良渚文化。由此可见，玉琮的深厚意蕴影响着满天星斗式的华夏文明之传播。张光直先生曾说："琮的方、圆表示地和天，中间的穿孔表示天地之间的沟通。从孔中穿过的棍子就是天地柱。在许多琮上有动物图像，表示巫师通过天地柱在动物的协助下沟通天地。因此，可以说琮是中国古代宇宙观与通天行为的很好的象征物。"[3]这样一来，古典建筑"柱"的原型与琮的形态就有了关联性象喻，甚至有可能在固定巫语权杖或旗帜作

---

① 段渝. 良渚文化玉琮的功能和象征系统[J]. 考古，2007（12）：57.
② 王仁湘. 琮璧名实臆测[J]. 文物，2006（8）：74.
③ 张光直. 考古学专题六讲[M]. 北京：文物出版社，1986：10.

用后扩延为新的功能。因此史前的造物关系"由于使用者有地域、时代和部族的不同，因此它被赋予多种功用是很自然的事情"[①]。文化大传统时期以圆或环为形的器物，其象征作用在漫长的对应变异过程中，将人们在生存过程中感知与愿望的层次逐一升级为多用途，造物的器形也由单纯语义变化为多义编码。从最崇高威慑的礼天地系统过渡为当代纯粹意义的吉祥饰物，明确的大琮大璧（璧羡与驵琮）的权威标志造型也在材料匮乏后脱离了法器的要求，完成向贫民化的信仰的转变。但在历史变迁过程中，玉琮所辐射影响的"营造"原型造物符号，构成了"一种相当程式化的编码系统"[②]，从儒家孔子遵从的礼来看，延续着史前的"礼让、中和"等天地共生态度，代表了建筑的制度化尺度，使"建筑不但是一种政治仪式场所，而且其'礼器'性质使其成为沟通天地万物的媒介，它是拟人化道德，政治和自然秩序同构，形成圣人——天子的'国家'图式"[③]。建筑中的"玉物"原型促进了礼制（祭祀）建筑形态的成熟，前代物质化语言成为后世的叙事化原型传承以及空间建筑编码活动的文本。大传统时期文化的形成发展，不可避免地与周围或异地的各种文化在贸易、战争、迁徙中产生融合，从而"优胜劣汰"，文化大传统时期的文化原型蕴含着的智慧之光将随考古等研究成果而逐步大显于天下。

三、玉琮延续的建筑象征

在后世建筑的各种构件中可以寻找到很多类似玉琮的外观形象，如

① 刘铮. 璧琮原始意义新考[J]. 古代文明，2012，6（4）：104.
② 尹国均. 符号帝国[M]. 重庆：重庆出版社，2008：138.
③ 尹国均. 符号帝国[M]. 重庆：重庆出版社，2008：141.

柱础、斗拱、砖塔、井栏等。建筑天覆地载，其四方的轮廓与玉琮的神圣外观形象及地位所建立的联系绝不是偶然，其内蕴的拟态与特纳的象征理论不谋而合，特纳将象征的性质分为两极：一极是"生物学现象"的象征代表物，它与一般的人类情感体验有关；另一极与"道德规范的价值"有关。王仁湘先生就论证玉琮的"造型可能只有一个祖型，它应当是镯"[①]。镯与人体相依，护佑人体并代替某种神圣的权力，而琮由"人类的情感"上升到生存价值。因此玉琮延续着自然物及宇宙形象的关联结构。在与自然界的漫长物质沟通关系中，人类不可避免地将内在的规矩和共同遵守的社会层次加以类比，形成共通的人类观像造物之准则，也必定影响人类的建筑营造。自人类使用石制工具开始，就逐渐有了建筑。在漫长的石制工具制作中，穿孔可谓是重大的发明创造，它改进了初民的生活及美感。这样初民能够有目的地将不同材料辅以坚固的穿插结构，如由木棒和穿孔圆石组成新的工具，由藤绳将穿孔的石珠串起来装饰自身和洞穴，还可"将圆形穿孔的石头装在削尖的木棒上，来挖掘可食的植物块根"[②]。多重工具的开发，使其在史前变迁中逐渐演化出更多的功能，最后自然归纳应用在建筑上。开发工具的同时，一些专职用途也生发出来，如用于天人沟通的中介物，礼器、装饰、旗杆以及用作象征神祇或宗教信仰的柱等。人类文明的进程中，"与巫觋有关的大量礼仪性建筑与礼器也极为盛行，而史前礼器的核心正是以玉事神的玉礼器。巫觋是本，而玉礼器只是其外在的表现。不仅玉礼器如此，其实与宗教巫术相关的礼仪性建筑表现得更为突出，以坛、庙、冢为核心的礼仪性建筑在这两个文化中都极为盛行，只是表现的方式有所不

---

① 王仁湘. 琮璧名实臆测[J]. 文物，2006（8）：72.
② 陈明远，金岷彬. 结绳记事·木石复合工具的绳索和穿孔技术[J]. 社会科学论坛，2014（6）：11.

同"①。面对自然中各种神秘复杂的物像，人类求助巫觋礼仪也是本能所愿，巫事促成人类早期"原始工程"的标准和造物热情。因此建造活动在体现行巫的敬畏场景的同时又提供了舒适安全的遮蔽环境。在敬畏心理与结构选择关系中，模拟宇宙自然可以上升为对巫事的恭敬，因此建筑作为天覆地盖，也就推演为天地之敬，成为伦理的原初对象。根据天圆地方的原型，屋盖反宇向阳，地覆敦厚稳固，为承天或齐天，地覆被层层抬高，再以柱础、木柱、斗拱、横梁逐步实现结构之间的连接。柱础形态较多，有四方、八角、圆形、莲瓣等，原意是固定木柱，也就是将木柱底端嵌入柱础，最后柱础成为古建筑屋身部分的重要结构（图2-4）。玉琮的天圆地方样态中显示出原始的伦理意愿，相当于建筑的源代码或者原型，并影响数千年中国古典建筑的伦理诉求，为中国古典建筑创造出伦理礼仪的初始追求，因此中国古典建筑是"一种有序的社会秩序伦理纲常之展示，是道德意识、政治制度、文化底蕴等社会形态综合发展的物化"，"中国古代建筑艺术具有制度化的显著特征"②。这种有序、敬畏、严谨同样对人的修为产生作用，在传统中国的文明基因中，由建造与伦理互相作用的系统，正是中华文明的传承动力。

类玉琮的形态延伸

图2-4 类玉琮的形态延伸

① 陈声波. 红山文化与良渚文化玉礼器的比较研究[J]. 边疆考古研究，2014（1）：97.
② 张宇. 从《礼记》看中国设计艺术与典章制度之关系[J]. 艺术探索，2015（5）：121.

四、重提玉琮的原型精神在现代的意义

通过以上分析，人们可以感知，在玉琮的礼天原型及延续的伦理精神中，蕴含着中国古典建筑与伦理的关联，这样更能够理解中国古典建筑的文脉何以延续数千年，其间虽经各种外来样态和审美的"暴力"篡改，但最终仍然固延在"方圆"之间。在最初堆土为台的基础上，营造出叹为观止的后世建筑样态。4000多年前的陕西神木县石峁400多万平方米石头古城及观象台的发现，为人们提供利用建筑形态彰显内心祈愿的造物原理。《竹书纪年》中各种以尊贵的玉石营造的台室形态都表明了初民的建造从自然拟物走向国家权力政治的象征，利用玉石的通灵材质表达神灵寓所和神灵象征，透过玉造的"共同象征物"表达建筑的构形编码。正如著名考古学家科林·伦弗鲁（Colin Renfrew）所言：人类创造了物质符号，于是形成可感知的现实。我们无法直接接触到史前时期所构思出的神话故事。然而，我们确实能获得早期社会活动的痕迹，借由这些活动，人类试图透过他们在世上的行动与这些现实产生关联，他们的行动曾留下某种物质痕迹。延续数千年之久的建筑"文物"自然成为无法更替的中华民族"伦理原型"和营造信仰的物证。那些在地方的"叙事物证"和出土的"物质符号"向人们叙述着史前的信仰和生存进程。揭示华夏营造文明原型密码，重回那些不能言语的建造形制和符号中，感受"万变不离其宗"的文化传播和文明征服。先民的"无意识创造"中可被视作民族文化艺术的原型意象，经儒道释的"有意识创造"并上升延续，持续造就华夏文化与营造艺术中遥远而原初的生命活力变迁，文化大传统时期的文化原型对中华民族的文化艺术精神影响深远，不容忽视。

第三章
玉璜与建筑空间的诗意关联

《山海经·海外西经》曰："大乐之野，夏后启于此舞九代，乘两龙，云盖三层。左手操翳，右手操环，佩玉璜。"图3-1便是玉璜的一种。中国文献记载，夏启为华夏开国之君，他观看以"九代"为名的乐舞，九为上尊，"九代"自然是王者的乐舞。王国维云："歌舞之兴，其始于上古之巫乎？巫之兴也，盖在上古之世。……巫之事神，必用歌舞。"[①]那么这个"九代"自然是记载史前大型的宗教祭祀活动，凡祭祀总归有所求。张光直先生认为，中国文明的起源，其关键是政治权威的兴起与发展。而政治权力的取得，主要依靠道德、宗教、垄断稀有资源等手段，其中最重要的是对天地人神沟通手段的独占。上天和祖先是先民知识和权力的源泉。天地之间的沟通，必须以特定的人物和工具为中介，这就是巫师和巫术。三代的统治带有强烈的巫术色彩，这正是中国古代文明的一个主要特征。夏启以"蛇、龙、璜、华盖"作为其王者的威力象征（图3-2），以持"器具"组成编码开始祭礼仪式。叶舒宪先生曾对编码有过严密的分析："将文物和图像构成的大传统文化文本编码算作一级编码；将文字小传统的萌生算作二级编码的出现；用文字书写

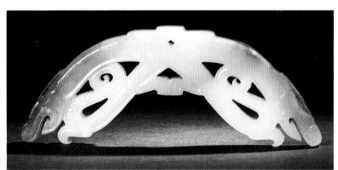

图3-1 战国双龙玉璜

图3-2 夏启的"蛇、龙、璜、华盖"
形意关联

---

① 王国维. 宋元戏曲史[M]. 北京：团结出版社，2006：1.

成文本的早期经典，则被确认为三级编码；经典时代以后的所有写作，无非都是再再编码，多不胜数，统称N级编码。"①夏启手执"玉"信，映射着两种编码："玉"的本体及其延续的造物伦理；物信的作用及神权道德的延伸。在后世的文学作品中，人们常将尊贵的建筑比喻为玉楼、玉堂、玉台、玉门、玉阶（图3-3），寓意"玉"编码的尊卑已经成为共性。

一、玉璜原型的象征通义

玉璜的形态包含形似天宇而恭敬天的意思。所谓"上圆，天也；下矩，地也"。繁钦《建章凤阙赋》曰："上规圆以穹隆，下矩地而绳直。"玉璜为弧形片状玉器，也以三四片组合成圆状，通常在朝聘、祭祀和丧礼中使用。在考古发掘中所出土的玉璜常仅有三分之一璧大小，

图3-3　以玉阶比王德

---

① 叶舒宪，章米力，柳倩月. 文化符号学：大小传统新视野[M]. 西安：陕西师范大学出版总社，2018：3.

弯弧的内端常有饰孔饰雕，多发现于墓主人的颈下或胸腹部，可能用于佩戴，且往往是组玉佩饰中的佩件，故有"佩璜"之称。（图3-4）

　　璜的造型近似鱼，中国的"鱼""余"同义，因此历代都极其重视服饰中的佩璜。"六器"中，玄璜礼祭北方。北方声秋，主冬闭藏，隐含礼璜有"秋收冬藏"之意，同时也明示拥有的财富——剩余物质只有尊贵者或王者享有。中国造物偏向编码说明，为了记载宇宙中各种特殊现象而期盼通过通用编码获得时空的平衡，因此玉璜的引申记载极多。《玉器通释》指出，璜是模仿虹的形状而来的。古人相信虹有神性和灵性。璜的形状向下俯弯如龙吸水，如桥拱，如弦月。《尔雅·释天》中说："蝃蝀谓之雩。蝃蝀，虹也。蜺为挚贰。"郭璞注："蜺，雌虹也，见《离骚》。挚贰，其别名，见《尸子》。"《楚辞·远游》曰："建雄虹之采旄兮，五色杂而炫耀。"《楚辞·九章·悲回风》云："上高岩之峭岸兮，处雌蜺之标颠。"《说文解字》曰："蜺，屈虹，青赤，或白色，阴气也。"《说文解字》曰："虹，蝃蝀也。状似虫。"《释名·释天》曰："虹，攻也，纯阳攻阴气也。又曰蝃蝀，其见，每于日在西而见于东，啜饮东方之水气也；见于西方曰升，朝日始升而出

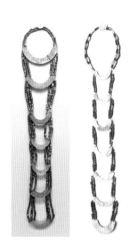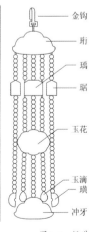

图3-4　佩璜

见也。又曰美人，阴阳不和，婚姻错乱，淫风流行，男美于女，女美于男，互相奔随之时，则此气盛，故以其盛时名之也。"

由以上解读可见，虹开始转向拟人化的美人虹神话及雌雄性别的叙事。美国的神话研究学者马丽加·金芭塔丝教授在其《活着的女神》《女神的语言》中也将蛇视为史前女神的主要化身。神话传说在世界语言中是一致的。在汉民族的语言象征中，虹被视作双首龙，华夏中国龙蛇相连，尽管之后龙形象的话语多为男神寓意，从文化原型的动机再认知角度，霓虹所指有雄雌双性作用。其投射的璜（半璧）对应的璧（全璧）也就提供了新的佐证，可作为天神与天子、天子与天后之间的符号信物，一方面玉璧为巫（天子）祭天之信物，另一方面玉璧的掌管人为人间替天行道的天子，璜便是天子通神的中介桥梁以及天子配偶的信物。由于汉民族男权意识的影响，先民将虹作为美人虹的女神想象解读为淫恣与灾祸。历史文献的话语叙述转向有时也是一种文化的遮蔽，必须拨开迷雾探索文化原基因。

虹，甲骨文 是象形字，字形像腰腹呈拱形的双头神龙，两端各有一个大口（图3-5）。古人认为虹是雨后出来饮啜水汽的神龙。金文另造形声字，从虫，工声，表示虹为"大虫"，即飞天神龙。《列子·天瑞》曰："虹霓也，云雾也，风雨也，四时也，此积气之成乎天者也。"

汉画像石存有石虹舞图，又可名曰"祈雨图"，虹以象天，与云雨相关。双头之龙即虹形，画像石再现求雨场景。虹之两侧各有舞者，均以袖上扬，舞者为巫，其舞有直抵苍穹之意。左侧饰以鸟首下窥，右侧飞鸟正举，均其呼应之装饰物也。虹下正中为击鼓乐者，左侧有跪舞者，右侧有站立者，这种仪式无疑与求雨有关。

图3-5 "虹"字

霓虹还有神话妖灾之说，民间对虹不仅有性别指认，还援引妖或祥兆，又或阴阳。《诗经·鄘风·蝃蝀》曰："蝃蝀在东，莫之敢指。"因为虹从东边出来，所以象征阴阳不和、婚姻错乱，自然令人忌讳，所以皆"莫之敢指"。《逸周书·时训解》曰："小雪之日，虹藏不见……虹不藏，妇不专一。"古人认为双霓虹的出现有阴阳不和、婚姻错乱的隐喻；阴阳调和，则虹出而霓藏。据古书记载，舜的母亲名握登，一日握登看见一条大彩虹，意有所感而生舜于姚墟。袁珂《中国神话史》引《诗纬含神雾》："摇光如霓，贯月正白，感女枢生颛顼。"因此，虹霓又可视为"感生"吉兆。

对于无法征服的自然现象，古人会通过象形器物和巫舞表达祈求心愿，从而增强心理暗示能力。"璜"与"虹"之神性形态也就自然延伸到造物象形，一方面璜可视为"收复、控制"饮水之龙的器物，另一方面又可看作梁架（杠梁），可起到沟通承重和驾驭的作用。《汉语大词典》描述虹为杠梁，在《重编国语辞典》中杠梁解释为桥梁。明文徵明在其《玉女潭山居记》中认为："其中台榭楼阁、祠宇杠梁，凡三十有一。"虹似拱形的桥，象形附会。有趣的是，中国江南水乡的桥，水面虹桥与水下倒影成为一个相呼应的合璧，能够让人联想到吉祥与圆满。北京颐和园的镜桥就以"两水夹明镜，双桥落彩虹"而著称。（图3-6）

对于"双龙头"虹到玉璜形的考证与解读有以下文献。于省吾先生在其《甲骨文字释林》中认为"虹"的甲骨文"系虹之象形，乃虹之初

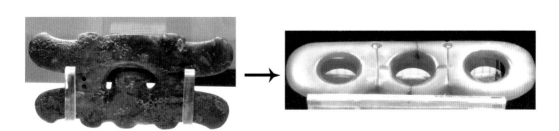

图3-6　虹桥与齿形虹桥

文"。又引郭沫若的观点："⋂是蜺字，象雌雄二虹而两端有首。……盖古人以单出者为虹，双出者为蜺也。"[1]而闻一多先生在《伏羲考》中认为："谓之'两头'者，无论是左右两头，或前后两头，不用讲，都是两蛇交尾状态的误解或曲解。"[2]物像与生态之间的联系较之现代更为紧密，每个阶段的观念总是对应当时生活场景的问题，这是一种器物造型与心灵诉求的巧妙调解。（图3-7）

玉璜有素面、龙首、纹面等不同的装饰，虽取决于加工技术，但也随使用场景而有形态上的变化。文化大传统时期"万物灵性"，天宇、霓虹、珥蛇、鱼鸟等三界形态都被赋予神灵显现之意，模拟有灵之物是为了寄托情感、感其恩惠。神话中记载的幻想符合远古人对事物的推断或预知思维，有美化的作用，但更多是隐喻人与神沟通的桥梁。在长期的造物实践中，中国的审美造物探索出"表面的不对称掩盖实际的对称"的构图。玉璜保留着"桥"的圆弧意象，却在形态上产生三联或四联形式，使之可以组成可分可合的圆璧，并将早期的神圣祭礼原型扩延为凡俗生活中的造物设计，集合为东方的"圆满融通"之美学特征，甚至引申到食器餐盘上，各种不同颜色的食物经过"化学和物理"的作

图3-7　霓虹求雨画像砖

---

① 于省吾. 甲骨文字释林[M]. 北京：中华书局，1979：3.
② 闻一多. 神话与诗[M]. 北京：北京联合出版公司，2014：17.

用，被盛放进各色盘具中，大小不同的圆形餐盘及餐盘上饰缀的花边组合成绝妙的图画，而这种圆盘的形态美只不过是借助餐桌构成的众多东方圆满美学形态中的一种。除此之外，在建筑、服装、交通、陈设、园林、器物中，甚至在中国的哲学思想中，圆以各种形式存在，每个圆都是对另一些圆的物质表达装饰。这大概是华夏文明对"日神月神"最真挚之爱的表达。（图3-8）

据《圣经》记载，大洪水过后，天上出现了第一道彩虹，上帝走过来说："我把彩虹放在云彩中，这就可作我与大地立约的记号，我使云彩遮盖大地的时候，必有虹现在云彩中，我便纪念我与你们和各样有血肉的活物所立的约；水就不再泛滥，不再毁坏一切有血肉的活物了。"这彩虹便是上帝与人的约定的记号，见到彩虹便表示雨过天晴。

玉璜的通灵寓意在后世走进建筑实体中，河面上形似玉璜的彩虹桥解决了人们的生活困境。中国的造桥技术世界瞩目，其原型基因中有隐喻先民奋勇向前之意。玉璜作为装饰或特殊的民间信符，起到重逢之凭证的作用。在一些特殊的历史背景下，人们对玉器原先的形制和用途进行了"改造"。如《吕氏春秋》中载："毁璜以为符。"即剖断玉璜，作为符信。一块玉璜可分成3至5块，分别由3至5个人收藏，在信息不发达的年代，便能够成为日后重逢时的信物。

图3-8 璜的形态延伸

二、玉璜衍生的空间编码象征

从虹的自然现象联系到虹桥，又转向为半璧的"璜"形；其象征的联想从小型的璜对应圆形的璧，隐喻两者尊卑；又从璜到实体的桥，小器物成为沟通天和人间自然河湖的象征；又从璜与璧的形态营造对应到建筑物，天子的辟雍和诸侯的泮宫，正圆与半圆的形态呼应建筑物中天子与诸侯的身份尊卑。（图3-9）

卡西尔认为："人最初开始对自然进行考察的方式，所借助的并非物理或数学思维，而是神话思维。神话思维并不承认任何由不变规则连接在对象之确定秩序。……但神话中并不存在任何一般规律。它的世界不是遵从因果律的物理事物的世界，而是人与人组成的世界。因此，神话的世界并非可以被化简为某种因果规律的自然力量的世界，而是一种戏剧的世界——是诸种行动的世界，是超自然力量的世界，是神祇或魔鬼的世界。"[①]神话世界的任何东西都具有突变和"他指"，不具有确定性和恒常性，能在任何时候根据环境需要而转化为另一种新的形式。中国古代关于女娲造人的传说就存在不同叙述，有时是关于宇宙的，而有时又是关于伦理的。

原初的祭礼中有"法"的概念，表明在接受或参加祭礼的过程中，人都受到类同法或规则制度的约束。关于中华文明中始祖伏羲、女娲、盘古的传说，《淮南子·览冥训》是这样记载的："往古之

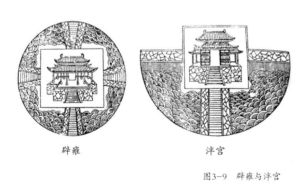

辟雍　　　　　泮宫

图3-9　辟雍与泮宫

---

① 卡西尔. 符号·神话·文化[M]. 李小兵，译. 北京：东方出版社，1988：119.

时，四极废，九州裂，天不兼覆，地不周载。…… 于是女娲炼五色石以补苍天，断鳌足以立四极。"画像石中，伏羲手持开天辟地的矩，女娲拿着开天辟地的规，"矩"和"规"两件工具类似今天的水平丁字尺、量角器等，也是建筑制器的常规工具。这些工具的作用除了测量角度还有制圆，如文化大传统时期的圆形球洞、圆形茅屋、玉璧、玉璜、彩陶罐盆等。"工欲善其事，必先利其器"，做好事情的前提是准备好工具，由此衍生"不以规矩，不能成方圆"的意识，有规矩就可制成各种形态的器和物。圆是所有几何形态中最美的形态，考古发现，8000年前开始的文化大传统时期的物态，圆的造型很多，如彩陶、圆形茅屋、玉璧、玉琮等。远古人们对圆的偏爱和追求显然能够说明许多，究竟是原始的力量，还是拟日崇拜，今天虽不得而知，但随着文明密码的破解和考古的推进，相信沉落在造物中的生命"原型"将逐渐水落石出。

人类对生命循环的保护总是体现在造物上，初民认为人的身体只不过是暂时的"冬眠"，在合适的时机还将转世再生。因此始初的神话中多彰显"造物变形"，既有化石转世，也有托植物复生。莲花就因为适应多种造型而被编码为变幻无穷的形态，如仰覆莲花柱础、须弥座台基、对生莲瓣纹饰，多种编码只因莲的神话原型是"三生生命"。《周礼》记载"六器"，"绝地通天"中蕴含周而复始的象征，人在建筑内的生活，以幻想的形式按照延续敬畏生命的愿望出发，利用自然界水陆空三界物像转述对自然和社会潜在力量的解释。建筑中三生生命的编码演化也具有象形所指，在建筑方形台基（下界）中一般由水生动物龙蛇构成排水系统，如故宫的龙出水，龙本身又是通达的上天入地者；建筑中的界多由吉祥的牛羊及五毒物像组成，伴随神话故事和德善传说分布在雀替、门楼、额枋之上，或在通用式建筑物前明示建筑功用类型；建筑的上界由鸱吻及反宇抱阳的"人字坡"屋脊线组成，五脊殿的屋脊正中对应的是鸱鹰和龙吻，四角屋脊由仙人列队排列而成。整个建筑由地覆至中柱再至屋盖，完成由"方"至"圆"的垂直变化，生发出天地沟通的行为。平面以轴线、对立两仪的建筑分布，沟通各处门廊，再以圆窗、月洞门等圆满形态点缀，力图圆满和谐，完成礼仪、尊卑、吉祥等平面变化。

《周易》中有："天下有风，姤。后以施命诰四方。"这里便有风神之意。《史记·孔子世家》是这样记载的："吴伐越，堕会稽，得骨节专车。吴使使问仲尼：'骨何者最大？'仲尼曰：'禹致群神于会稽山，防风氏后至，禹杀而戮之，其节专车，此为大矣。'"此处的"防风"为凤鸟大神，夏文化对于东南土著的防风氏王国的征服，导致了龙文化与凤文化的融合。中国东部地区生发由凤文化观念向龙凤交流文化形态的转变。1986年，青浦福泉山出土了禽鸟蟠螭纹陶豆等文物，上面印有龙凤融合的图案，可以视为东部地区被记录的古老龙凤文化融合，融合的基因奠定了中国海纳百川的文化特质。

三、圆弧形义的编码联想

文化大传统时期，"自然的强大与人的渺小之间的强烈对比，人类对'全然异己'的自然的恐惧，形成了原始崇高的一个首要条件——恐惧意识。……人必须求助于一个更强有力者以同自然相抗衡，超越自身的渺小而达到一种崇高的境界"[1]。

从几何结构形态上看，圆形是宇宙万物最为强力的形态，在圆的基础上加上四角就是方形，圆形可以说是母形。圆形象征着循环往复，以及强有力的控制中心，祭坛就是圆形力量的代表。从人类学的角度看待审美，人类的精神活动永远要在实践活动的基础上发生、发展。人类所面临的大自然同样体现着"活动"，包括动植物的实践性生存，太阳、

---

[1] 申扶民. 神话中的崇高原型及其嬗变[J]. 社会科学家，2003（6）：9.

月亮运行轨迹中的升和起，季节的枯荣变化，生命的问世和衰亡等。太阳是时间的管理者和监护者，限制、裁决、宣示和彰显变化而产生万物的季节。这个宇宙秩序即万物既不是由神祇也不是由人创造的；它过去、现在、将来永远是一团永恒的活生生的火，按照尺度燃烧，按照尺度熄灭……火在其升腾中占据、裁决和处置万物。太阳的阴阳体现在自转和昼夜的循环，本身的形状并没有大的变化。而月亮就极为有意义，月有阴晴圆缺，上弦月和下弦月给人以变化。面对日月的运行规律，史前人认为这是一种对生命有影响的力量，于是就产生模拟这些形态从而驾驭自然的想法。玉石恒定的质料和多维的色彩刺激人们模拟天地日月、山川云气，玉璧拟天、玉圭拟山、玉琥拟云气、玉璜拟月、玉琮拟地、玉璋拟人……器物从几何形象征逐渐上升到具象形，单一材质的象征也逐渐渗透到生活设施和建筑礼器等中。

玉璜的象形编码有如下之分。

（1）月半：玉璜的形态，组合为"盈"，分开为"亏"，使得玉璜的形意具有一种诗意的关联。苏东坡《水调歌头》有云："人有悲欢离合，月有阴晴圆缺。"玉璜似乎就是一种为了预期的圆满而设计的先期憧憬。双瓣组合映射"月半"之维，三块组合似为"三旬"——上旬、中旬、下旬，这是中国描述日期的称呼。

（2）天工、杠梁：形态的直观联想与现实功能的转换。

（3）扇面：类似的图形组合还可见于折扇面，折扇的魅力便是璜与璜的组合。

（4）瓦当：中国的古代建筑材料素有"秦砖汉瓦"之称，不仅材料的质量优异，造型更是独特。汉瓦当，原本只是为了给屋檐挡水，但却成为中国工匠手中经营的"文本"，是可以阅读的"典籍"。

（5）尊卑语义：一些上中下组合的悬挂玉璜，其意似表示大小和尊卑，当然这也许是为了表现视觉上的秩序美。

（6）营造的象形：虹—璜—桥，结构形态功能与美好的鹊桥相联系；辟雍与泮宫的建筑再现天子与诸侯的身份、地位。

天圆地方的组合，在人的视觉里是一种半圆拱形，这种形态意象体现审美境界中的"残缺"意境，不饱满的形态更加催生人们对圆满的珍惜。古希腊哲学家毕达哥拉斯说过：一切立体图形中最美的是球形，一切平面图形中最美的是圆形。尽管如此，丰富的生态世界还是提供人们对形态美的各种联想。福建的客家土楼以圆满的"圆"构筑出中国风土建筑的特例（图3-10），但其圆满之内也有一些如璜般的建筑，成为外圆结构的有效补充。《楚辞·天问》："璜台十成，谁所极焉？"王逸注："璜，石次玉者也。"洪兴祖补注："璜，美玉也。"南梁萧子范《七诱》有云："丽前修之金屋，陋曩日之璜台。"这些注解注重璜的材料和寓意象征，却未能指正"台"，台作为一种建筑结构，其特征首先是垂直而高；璜为天梯，"璜台十成"隐喻用美玉搭建的登天之台，更加彰显尊贵。将璜叠加起来，其形态便和后世的高塔接近，中国高塔和西方教堂的隐喻意义相似，都以巨大的空间体量打破现实世界的"平

图3-10　客家土楼

凡"，与平缓的地面平缓坦然的空间构成向上的神圣序列。物像象征更能够引发人们理解抽象的宇宙意象，而美好的玉璜构成一种共同认知的形态，便是文明的诗意关联。

玉璜的诗意关联有以下几方面。

从考古出土文物看，自商到西周时期，玉璜使用非常普遍。自春秋战国后，绝大多数的玉璜是作为典型的装饰用品存在的。

（1）春秋战国时组合佩玉盛行，组合玉璜形式和纹饰极为丰富，伴随玉璜外形纹饰的变化出现了大量的异形璜。

（2）金镶玉的组合：南朝和北齐的玉璜纹饰以素面弧状为主，主要用于佩戴，因此两端靠外钻孔，内外周缘包镶金边，显然受到了西域而来的"金"文化的影响，同时也有可能是由于珍贵玉石产量的减少。

（3）南北朝时期，玉璜被要求佩于官服上，玉璜形式更为饱满，弧状变化为梳背形或菱形，形状更为整合。

（4）唐宋时期，玉璜成为贵族妇女的饰品。唐朝审美品位大气，玉璜纹饰呈现富贵饱满的云头状。宋朝审美品位精巧富丽，工艺上美轮美奂，因崇尚白玉无瑕，而使得玉料更为正规，在惜材思维之下，玉璜根据玉石原料的形态和社会整体形成的成熟象征体系而演变为玉锁、玉牌等形式。

"事实上，最初的原始宗教和后来以其变态形式出现的民间宗教的本质区别正在于，后者总会自觉不自觉地受到进化生成的理性意识的影响；故而，在长期由无神论占统治地位的中国，原始的巫术迷狂即使没有退出历史舞台，也不可能不相当程度地被理性主义的'大传统'所点染。这样一来，在儒家的摈弃了超自然力量的宇宙论模式范导下，特别是当这种精神已经潜移默化成为一种社会心理定势以后，对于绝大多数的中国人来说，事实上已经不可能生活在一个充满神性的世界里了。"

---

① 刘东. 中华文明[M]. 北京：社会科学文献出版社，1994：43-44.

①早期的象征更表达一种"人神关系",这是不可逾越和不可改变的社会共生关系,其中含有"祭祀"的祈愿。文化大传统时期的华夏先民偏爱"以形写神"的概念,体现对循环交易的遵从——透过巫"礼"的仪式原型,展现空间和时间上的心灵观念。其想象的维度逐渐演变为装饰物证与空间的实体营造,这便使得人们生存在一种被象征包围的文化圈中,最后走向成熟的造物象征体系。

第四章

"夏启之璜"的空间超越——"璧与璜"对应的"辟雍与泮宫"

《尔雅·释器》对圆形玉进行了解释："肉倍好谓之璧，好倍肉谓之瑗，肉好若一谓之环。"肉是指古代圆形有孔玉器的边，好是指玉器的孔。根据中心圆孔到外径的距离，圆玉分类（图4-1）如下：

玉璧：中心孔径小于外围边宽的圆玉；

玉瑗：中心孔径大于外围边宽的圆玉；

玉环：中心孔径等于外围边宽的圆玉。

《荀子·大略》中记载："聘人以珪，问士以璧，召人以瑗，绝人以玦，反绝以环。"

圆形的玉器具有昭示生死、沟通神灵的作用，包含"绝暗通明"的隐喻。所以玉璧不仅象征宇宙空间中的"天宇"，还象征着"光"的收束；玉瑗是地位高者召见地位低者的一种信物，天子召见诸侯，诸侯见卿大夫，大多命人执玉瑗为凭证；玉环则是表达修好、认可关系的信物。此圆形玉在最初的使用中也许意义更为广阔，只因文字流传，后人需要一定的解读能力。以《山海经·海外西经》记载的夏后启记录的信物而言，需要一一对应进行解读，并以此为线索探索环璜器物向空间造型的演化。（图4-2）

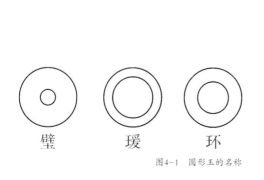

图4-1 圆形玉的名称

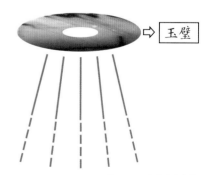

图4-2 玉璧的功能想象

一、中国最早的官学建筑空间

《山海经》中的山多描述为"四方"，而此间的华盖、玉环、玉璜皆为圆状物，是有意识地符合"天圆地方"审美，还是巧合？《白虎通》中记载："璜者，横也。质尊之命也，阳气横于黄泉，故曰璜。璜之为言光也，阳光所及，莫不动也。象君之威命所加，莫敢不从，阳之所施，无不节也。"璜似乎被视作一种光，是对太阳作为发光器的造型的模拟，史前人视发光的太阳为万物之神。在距今7000年的新石器早期，浙江余姚河姆渡遗址中就发现了玉璜。如同在历史的不同时期，埃及人信奉不同时间的太阳一般，中国先民也对太阳的早晨、正午、傍晚和夜晚有着不同的想象，并创作出后羿射日的神话。从造物设计角度来看，太阳的形态及其散发的光芒，成为先人造型设计的参照对象。因此，由圆形与光、半璧与虹的关联追索其隐喻，则可知西周便有官学建筑辟雍与泮宫的隐喻象征。天子居于辟雍讲学，诸侯及学人居于泮宫，泮宫环绕辟雍而建，寓意接受正统的社稷庙堂之传授。通过建筑的形态组合暗示天子与诸侯的地位关联，表述自西周以来，华夏中国以太学作为国家最高传授治国策略场所的意义。由此可见以下几点。

（1）古人的世界观是天圆地方。因此用来礼天的玉璧基本都是外圆内圆的形状。以玉璧向天尊示好，表达敬畏。同时，玉璧又是光的"沙漏"，捕捉光明。设立辟雍为太学，预示正统教育传播文明的开启。

（2）璜为半璧，宇宙的疆域如果由天尊掌管，那么人间的神人能够获得一般的权力便是极为尊贵的身份，同时玉璜又是天人之间的沟通桥梁，通过玉璜人神相会。依璜形而设立泮宫，便构建出一种文化接受的临场空间。（图4-3）

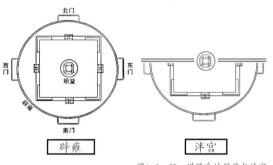

图4-3 环、璜隐喻的辟雍与泮宫

最早记述辟雍的可靠文献当推《诗经》。《诗经·大雅·灵台》中记载："於论鼓钟，於乐辟雍。"《诗经·鲁颂·泮水》中记载："思乐泮水，薄采其芹。"《毛传》中记载："泮水，泮宫之水也。"后多以泮水指代学宫，但《鲁颂》中的泮水应是尊周公建泮水而进行的教化、德义、节操的传统。但戴震《毛郑诗考正》说："泮水出曲阜县治，西流至兖州府城，东入泗。"《泮水》是一首描述鲁僖公在泮宫祭其先祖周公，并称颂周公讨伐淮夷之功的祭祀颂歌。[①]郑玄笺："辟雍者，筑土壅水之外，圆如璧，四方来观者均也。泮之言半也。半水者，盖东西门以南通水，北无也；天子、诸侯宫异制，因形然。"（图4-4）

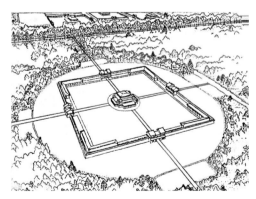
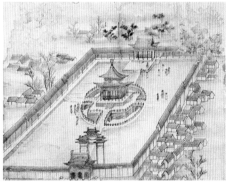

图4-4 辟雍建筑

①孔德凌.《诗经·鲁颂·泮水》本义考论[J]. 齐鲁学刊，2010（1）：139.

《说文解字·水部》曰："泮，诸侯乡射之宫，西南为水，东北为墙。"这是当时诸侯有泮宫之证。泮宫就是诸侯国中的大学，即如今的地方大学。辟雍和泮宫的作用见汉代班固的《白虎通·辟雍》："天子立辟雍何？辟雍所以行礼乐，宣德化也。辟者，璧也。象璧圆，以法天也。雍者，雍之以水，象教化流行也。"又见东汉李尤《辟雍赋》："辟雍岩岩，规圆矩方。阶序牖闼，双观四张。流水汤汤，造舟为梁。神圣班德，由斯以匡。"可见辟雍与泮宫是全面学习"明明德""亲民""止于至善""治国平天下"的场所。麦尊铭文："在辟雍，王乘于舟，为大丰。王射，大（太）龚（公）禽，侯乘于赤旗舟从。"《西清古鉴》卷八著录麦尊名为"周邢侯尊"。铭文内容如于省吾先生所说："通篇皆系作册麦所叙纪，盖麦受邢侯之赐以作尊。"[1]这里记载的辟雍、泮宫还是学习骑射之地，也就是古代中国为官作仕学习"六艺"的地方。

辟雍和泮宫的形状，一个为圆璧状，一个为半璧状，对应的六玉象征为璧和璜。辟雍，圆如璧，雍以水；泮宫者，泮是半圆形之水。避雍四面环水，地方大学三面环水。在形制上，表明了中央与地方的尊卑之分，结构上是划定区域之意。辟雍形状与汉唐的明堂相关联，"明堂外水曰辟雍"，文献有"明堂之制，周旋于水"。北魏郦道元《水经注·谷水》曰："又迳明堂北，汉光武中元元年立。寻其基构，上圆下方，九室重隅十二堂。"（图4-5）

辟雍的整组建筑物是以圆水围合方院和圆形台基、方形台榭的双重外圆内方的空间格局。

---

① 孙常叙. 麦尊铭文句读试解[J]. 吉林师范大学学报（人文社会科学版），1983（C1）：72-73.

图4-5　明堂之制

　　平面正中的建筑坐落在直径62米的圆形夯土基台上，呈"亞"字形台榭，每边长42米。中心建筑四周，由四面围墙、四向远门和四角曲尺形配房围成方院，围墙外环绕一圈水渠。中心建筑正中为17米见方的中心台体，四隅各有两个方形小夯土台。中心台体上建一大尺度的方室，称之为"太室"，外侧小夯土台上各建一小室，与太室一起构成中心建筑上层的五室。中心建筑的中层，在台体的四面各建一堂，这四个堂分别为名堂、青阳、总章、玄堂，上层五室与四堂构成九室。展示了典型的双轴对称的台榭形象。

　　古希腊哲学家赫拉克利特说："太阳每天都是新的。"这句话的意思是说，世界处于永恒的运动变化之中，日月星辰、天地万物、动物植物，无不善变不已。太阳每天清晨都出现在天空上，今天出现，明天出现，后天也照常会出现。这种出现是在太阳运动的基础上，按照自然规律而循环反复的，有迹可循。中国的智慧与这些规律密切相关，成为智能的超越。辟雍和泮宫在某种意义上又是一种与日月的对应，营造这种形态的建筑便是积蓄日月之光华。联系秦始皇墓中以水银制作的星空和"百川江河大海"，我们不难想见：古人设计造物的建构与其思维一致，日月星辰的自然规律正是他们所依据的原型，以此实现更广域的明德教化。辟雍的圆与泮宫的半圆，以阴阳为文化符号表述建筑群的内涵，两者展现了中国先民对宇宙循环规律的认知先见。阴阳符号象征官学建筑追求教化培养中的公正与秩序。

二、由玉璜形态延伸的"周期性"天象的象征

玉璜作为一种象征的物质，外形具有艺术的联想延伸，最主要的象征莫过于拟天，天的穹窿形态延伸出对"穹顶"的建构，其次有虹霓的联想，人们以此建构彩虹"桥"，在实体的桥与水中倒映的桥之间构成一个"满月"的对应。这些直接的拟物造像仍然在"形"与物质建成中，其象征性未曾达到符号化层面。玉璜是真正意义上的"象征物"，或者说"崇拜物"。玉璜以小巧的形态和特殊的材料"玉石"制成，其作用是要在物质呈现中形成一个共识，诸如"特殊""高贵""通天""灵性"等拜物象征。因为璜的"拟天"和"通神"，最初的玉璜大概主体为"夏启之璜"。

人们刻意塑造玉璜，使其造型近似自然物象。如鱼形，"鱼""余"同音，从而寄予"有余"（富足）的含义；如虹桥，神话中以鹊桥相会或天神下凡付诸在虹桥上，因此有天梯之意，传统节日"乞巧节"凝聚了人们这一愿望，甚至以仙女与民间的婚姻故事传承"天梯"的联想。

在"六玉"中，玄璜礼祭北方。"玄"在此较为特殊，《千字文》中有"天地玄黄，宇宙洪荒"的说法，"玄"既指天地交色，又极具初始黎明的概念，叶舒宪先生对此有特殊的解读："玄黄赤白"代表"夏商周"的年代信仰更替，如以此为推断，夏为华夏最初的国。

夏朝的国君夏后启佩戴"玉璜"，则意义非凡。北方声秋，主冬闭藏。现代地理学认为上北下南，北从地势上显示为"顺势"，因此隐喻着"尊贵"，这就寓意礼璜有"秋收冬藏"之意，同时也明示对财富的控制权力。史前人将自然界中的神秘意象寄寓在象征物质中，以物质传递对神的敬畏和乞怜。玉璜从而具备政治性理想和民间拜物的理想，后世更将玉璜扩大到社会关系之中，成为一种实体代码，既是集合体，又是自然现象和精神联想的可解读元件。

屈原在《楚辞·天问》中说："璜台十成，谁所极焉？"雕栏玉砌的10层高台是给谁使用的?作用是什么？宇宙空间的高度与想象空间的超越，建造象征与拜物象征，在"神"和"人"两种不同身份所对应的形态和物质之间传递话语。同样的空间超越，显示在传说中的巴别塔、现实版的印度尼西亚的婆罗浮屠塔、自欧洲中世纪时期开始建造的哥特式教堂，它们都以追求高耸入云的形态实现与神的交往。可见人类的想象力拥有惊人的相似度，都以物质形态模拟物质存在而体现对神的奉迎、趋承。（图4-6）

在后世，玉璜又被设计为众多形态，主体没有离开霓虹、河流、凤、龙、鱼等，显然沟通天地之趋附的意识由王国之尊转向民间美好的习俗，从而实现以空间器物传递神权的统治，既获得对日月山河的掌控，又获得"天意"之愿望。玉璜大多首尾相向，有似彩虹或虹桥横跨之意。

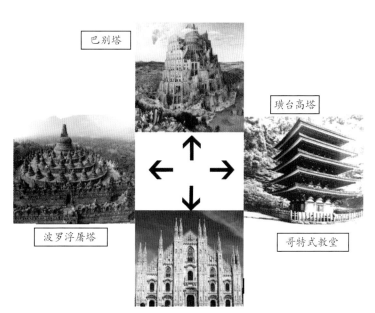

图4-6　巴别塔、婆罗浮屠塔、璜台高塔、哥特式教堂

卜辞有"有出虹自北饮于河"的记载，可知这个传说由来已久。虹字像一个有两个头且张大其口的龙形动物，古人不明其理，以为是神物在吸水；虹在天际，像一座美丽的彩桥，人们常以虹桥称之；传说虹似巨虫，有两个头，喜欢喝水。这些都说明璜是对霓虹与桥的原型扩展。

中国还将"黄河与长江"誉为"双龙"，正如现代歌曲《龙的传人》中的歌词：遥远的东方有一条江，它的名字就叫长江。遥远的东方有一条河，它的名字就叫黄河。这样两条分别位于北纬35度和30度、跨越东西到海的大河，被赋予神奇的地理"交通"——"沟通"等多重使命。《山海经》中描述的夏后启乘两龙也许就有南北东西各国的权力隐喻。张光直先生认为，"中国文明的起源，其关键是政治权威的兴起与发展。而政治权力的取得，主要依靠道德、宗教、垄断稀有资源等手段，其中最重要的是对天地人神沟通手段的独占。……上天和祖先是知识和权力的源泉。天地之间的沟通，必须以特定的人物和工具为中介，这就是巫师和巫术。……三代的统治带有强烈的巫术色彩，这正是中国古代文明的一个主要特征"[1]。夏后启手执行巫之器，掌控双龙，以特定的"象征拜物教"行驶权力，显然表达人们对其"德"的夸大，通过特定的拥有"德"的人以"工具"开启政治之德，同时这些工具也反身成为对"有德人"的约束之法。而执"玉"制作的信物，至少两种意义：①"玉"的本体及延续的造物价值；②信物的作用及神权道德的延伸。在文学作品中，人们普遍将现实的建筑比喻为玉楼、玉堂、玉台、玉门、玉阶之类，展现的是对"玉"的联想和天地尊卑对照的造物张力。而文献或口传中的老子言圣人"披褐怀玉"，孔子自比"求善贾而沽"的美玉，《孟子·万章下》说："孔子之谓集大成。集大成也者，金声

① 张光直. 美术、神话与祭祀[M]. 郭净，译. 沈阳：辽宁教育出版社，2002；译者的话3.

而玉振之也。金声也者，始条理也；玉振之也者，终条理也。"这些圣人原型与造物原型的理想无不揭示玉德与造物一体的伦理价值观。

三、玉璜与"三生万物"之符号空间

人类学者认为，建筑始于人类对生命循环的保护，初民认为人的身体只不过是暂时的"冬眠"，在合适的时机还将转世再生。叶舒宪曾说，在世界各民族的神话宇宙观中，上、中、下三分的世界模型常常由水、陆、空三类不同的动物形象来象征。上界对应空中的飞鸟；中界对应陆地动物，包含野兽、牲畜、昆虫、人；下界对应水生动物，包含大鱼以及各种水生动物。从叶舒宪的说法可以清楚明白变形神话借由动物形象展现死而复生的概念重点不在形象变化，而是形象变化所凸显出来的由"我界"到"他界"的转换。而实现这个转换，则离不开"空间"，空间除了"四方"外，天地中南北东西可能已经被纳入史前人的造物空间中，也许中国传统建筑的轴线可以解答这个问题。人们既然能够思考到"天地中南北东西"的空间关系，就必然能表述其"显在"的物化，用以维系人们不断增强的信仰性需求。轴线便是此"物化"的体现，中国的古典建筑在单体的建造中通过三段式（台基、柱身、顶覆）表达单纯的上、中、下时空，从仰韶时期姜寨聚落的中心发射组合，逐渐过渡到明清以后"面南坐北"的主次秩序中，用轴线贯穿建筑的体量与规模，从而体现天道尊卑。大的宫殿式建筑围合可以在轴线中"纵横阡陌"，小型的民居可以在三进五进院落之间"穿梭徘徊"。

玉璜形态象征还显示一种治水御雨的功能，在天与地之间，人们无法控制水，这似乎表明人与神权力之间的分控。但智慧的中国人没有妥协，而是将不可超越的自然现实通过长期的造物实践予以改造，既表达对神的敬畏，同时也有"人定胜天"的决心。玉璜的虹与桥之意象如果联系到"鲧禹治水",则可以解释为龙的来历,为了镇锁水患,需要有相应的物质象征,也许这还是"应龙"的来历。《楚辞·天问》载:"河海应龙,何尽何历?鲧何所营?禹何所成?"传说中,大禹治水是得到神龙(应龙)的助力才实现的,神龙随心所欲,或起或伏,上古时期由此形成了众多泱泱大河。

洪水不仅与文明有关系,同时也引发人们对造物形态的联想。《拾遗记》卷二说禹凿龙门时,"有兽状如豕,衔夜明之珠,其光如烛;又有青犬,行吠于前。……又见一神人面蛇身,禹因与之语。……乃探玉简授禹。简长一尺二寸,以合十二时之数,使度量天地。禹即执持此简,以平定水土"。所以最初的"玉璜"表现为双龙吸水,之后才引申为三联五联环状。汉代扬雄在《扬子法言·重黎》中说:"昔者姒氏治水土,而巫步多禹。"云梦出土的秦代简牍《日书》记载禹步似鸟步,进三退一,弯弯曲曲,然后在地上取泥土,揣土祷神,有的还画符,以符护身。"禹步"是修炼时的仪礼之态,是否这个禹步也和玉璜有关,今人不得而知。

中国的审美造物探究出"表面的不对称掩盖实际的对称"。如中国古典桥梁,圆拱"虹"桥身与水下倒映的另一半桥拱合璧而对称呼应。中国木拱桥传统营造技艺,其可考证的历史有900年之久。最早出现在文献记载中的木拱桥是中国北宋时期《清明上河图》中的汴水虹桥。其桥无柱,单拱跨越汴河水面,宛若巨大的玉璜横卧,如同长虹贯日。(图4-7)

甲骨文也有"出虹饮于河"之记载,《玉器通释》则指出:璜是模仿虹的形状而来的。虹在造物空间的演变最直接地表现在桥的样态中,尤其南方的石拱桥,如半璧玉璜横卧,与水中倒影恰成圆璧,宛若一环,不见其规律,却达到一种真正的大和之境。除此之外,建筑的门洞多为上拱下方,如天穹接地覆。古代的城墙门洞同样如此,既表现结构力学的平衡,同时也是根据材料对形态的接应。窗户也同样体现了这种结构。(图4-8)

图4-7 《清明上河图》中的汴水虹桥

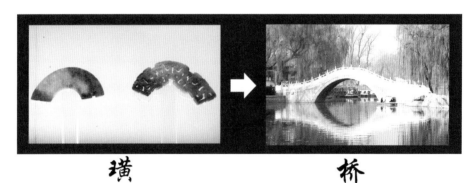

璜　　　　　　　　桥

图4-8 玉璜横卧

　　中国其他的城镇也有很多"虹桥"，如浙江温州乐清市的虹桥镇、湖南凤凰古城的标志性建筑物虹桥、湖南省岳阳市平江县的虹桥镇、河北省唐山市玉田县的虹桥镇，这是文化大传统时代集体对于"霓虹"意象的记忆。

四、玉璜衍生的教化空间

　　从璜到虹、从虹到龙形佩璜、从虹到虹桥、从璜到天地连接、从璜符号到空间投射，玉璜的象征功能可归纳如下：①宇宙空间象形与天人沟通的象征：半璧（半天）——霓虹（天人之桥）拱形建筑所象征的圆满意义。②形态到符号的隐喻：玉璜（地位）寓意吉祥，甚至衍生出吉祥鸟搭建鹊桥，玉璧则预示圆满。③官学建筑的起源：辟雍和泮宫对应的外观形态恰好为"璧与璜"，两者显示一种阴阳节律的关系。

除此之外，玉璜还有众多的投射及隐喻：①多联璜的功用。玉璜由最初的半璧龙形、红山文化玉龙，到三璜合璧，表现为远古巫礼崇拜的递进。后世又将一个圆对分、三分、四分或五分，每人各执一方共同谋事，约定在某年某月某日相聚时合拢此圆。这是中国传统小说中类似"破镜重圆"的期待。②生殖崇拜。远古的生殖崇拜也许和玉璜也有关联，早期的龙作为男根崇拜的演变体，目的是使聚落人丁兴旺，而后期的统治者将龙演变为沟通天地的神兽，是帝王的象征。玉璜不仅是象形象征的描绘摹写，还有特殊形式的文明的功能表达。璜由虹衍生，代表特殊的天象与雌雄的神圣组合，本身隐喻着原始的生育观。周丙华认为，甲骨文的"虹"所寓意的双龙交尾之象，进一步体现了伏羲、女娲交配之象。对先民生存观念的理解，还需要回到先民的文化语境中解读，龙蛇、雌雄、伏羲与女娲等系列的转换正是先民思维的记载，同时也是华夏民族以龙之传人自居的龙文化信仰源头，借助伏羲、女娲神话衔接，进而溯及远古时代的虹信仰成为可能。③仪式中的身份象征。在良渚文化中，玉璜是一种礼仪性的挂饰。每当进行宗教礼仪活动时，巫师就会戴上它，它经常与玉管、玉串组合成一串精美的挂饰，显示出巫师神秘的身份，且每一个上面都刻有或繁或简的神人兽面图像。商周以后，玉璜逐渐具有礼器和佩饰两种作用，并在饰纹和式样上出现多样化特征，以满足各层次爱玉者的需要，人形璜、鸟形璜、鱼形璜、兽形璜等，都是商代玉雕艺人所创的新品种。特殊地位的人佩戴玉璜，真实意图是要显示其掌管的神秘信息，明示其被授予的与神沟通交流的身份。随着文明程度和政治权力及国家控制力量的增强，"巫"的身份逐渐演变为天子（皇帝）、圣人、司仪以及圣像崇拜等。罗马尼亚宗教学家米尔恰·伊利亚德指出，每一个神圣的空间都意味着一个显圣物，都意味着神圣对空间的切入。①璜是作为显圣物，与虹信仰隐喻的鹊桥——神人之桥、杠梁天弓象形的神人之媒介，与泮宫空间虚实围合的功能同为空间的神话超越。

卡尔格伦认为，风格的演变与封建社会的崩溃联系在一起。这就意味着造物风格的变化代表社会权力的变化。在没有语言的史前时期，装饰形态具有胜过语言的实际效用，器物的制作投射了人类语言所要表述的直观世界，无限的直观视觉构成对自然的认知，并不断充当对自然知识的补充，甚至产生宗教信仰的冲动和语言的冲动。建筑和其他造物都存在共有的特征，建筑的外观立面犹如固态的视觉文本，其围合的结构风格能够投射人类语言表述的伦理观念。尽管通过文本与伦理的投射构成空间的辟雍和泮宫作为建筑而存在，但从建筑人类学的角度看待官学建筑的特殊功用，其外观形态对应的是文化文本而非结构或布局，解读中国文化的核心理念的生成历程，就相当于找出这个古老文明凝聚的观念发动机②。现代社会的大学同样可以吸收西周官学建筑的形态隐喻，实现空间教化的"潜移默化"功能。事实上，已经有一些高等学府正在运用空间的力量唤醒空间的教化功能。在上海理工大学军工路校区（原沪江大学校址）便有一处现代高等学府四联璜围合，以形似玉璜的组合为完整的四壁合围的"辟雍"建筑，四栋建筑之间1～3层由环绕的内廊彼此相连，每栋的功能独立，形式完整饱满，四联主体归属不同的学院，但其巧妙的围合又将这些学院围在上海理工大学的教学圈之中（图4-9）。这片建筑聚集了一种不可抗拒的空间教化及安宁的学术氛围，养

---

① 米尔恰·伊利亚德. 神圣与世俗[M]. 王建光，译. 北京：华夏出版社，2002：4.

② 叶舒宪. 从玉教神话看"天人合一"——中国思想的大传统原型[J]. 民族艺术，2015（1）：31.

"夏启之璜"的空间超越——"璧与璜"对应的"辟雍与泮宫"

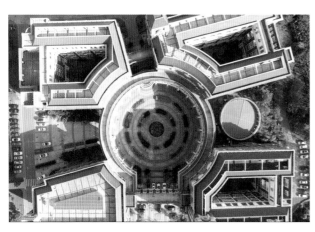

图4-9　现代高等学府四联璜围合——上海理工大学四座综合楼

蓄一种共同的品质塑造。这便是早在西周官学建筑之中华夏中国对于教化空间的独特认知，且这一空间行为在中国其他官学建筑中同样存在，如清华大学理学院对称式的廊柱空间围合，中间为下沉式广场，整体空间组合成一种"泮宫"意象。

辟雍、泮宫在中国古代作为一种文化原型的传播，对空间环境产生极大的影响，成为古代 "克明其德""克广德心"的建筑象征，同时也是整体社会彰显德化教育的象征，这种建筑在当代的全球化语境中更是传播华夏文明的经典原型。官学建筑空间既是知识交流的空间，也是师生学习的场所。凝聚而围合的空间更有利于完成信息交流、娱乐、深化人际关系、深化文化认同。世界各地的官学建筑不约而同构筑的围合空间显示西周之时华夏中国理解建筑空间的独特智慧，这一智慧的文化空间，提供了鼓励人与人之间交流、理解与尊重的环境教化的功能，因此有必要开阔对华夏中国建筑智慧解读的新视野，以追溯华夏民族的建筑文化。

第五章
玉璋的象征指代

　　圭璋与规章，语言词语组合已然显示其关系的玄妙。中国的汉字组合在形声会意之间，推演其隐喻的华夏文明智慧观念。圭璋在原型上的接近，与其祭祀对象关联，圭璋从原初的以形拟形的功能，延伸出特定的符号指意，体现从视觉符号到词语组合变化，警告人们正视不可抗拒的宇宙真理深层次的指标。以祭祀的行为求解心理的潜在交换思维，愿得神助。圭璋的形态最初象征天地间高大的物像，同时也表征虚现的象征迁移，直显的诸如高山、撑天木、河流（古人河流是有上下空间意识的），虚显的诸如日影、月影等。由于自然界所显示的现象之间往往相互联系，山脉与其山林的树木相依在一起，河流围着土地（河床）环绕，日影随日高而变化，月影亦同。在现代社会通过科技手段已知其规律，但是在遥远的文化大传统时期这些现象显然可被定义为"神"的行为，先民的生存法则早已让其明白一个道理——"人定胜天，但亦必须侍天"，两者的功能表现为心理的崇敬与实际的创造。圭璋的作用便是以珍贵的物质材料制作象形的信物，以巫王行使崇敬。最初的圭璋直指高大的自然物像，但随着"愚公移山"类活动战胜自然的力量增强，人们对山神的崇拜逐渐迁移到宗族鬼神之界，伴随圭璋的祭祀活动，场域也变化为宗族祠堂内的宗庙祭祀象征。同时当星象天文认知递增，以圭璋测量日影的行为也被其他更为科技化的智慧替代，圭璋的测量功能也转到了象征性的祭祀日月的民间活动中。由圭璋到规章，更表明祭祀行为的伦理转向，圭璋更接近民间的信仰活动，走向现实生存语境的秩序法则，成为可以理解的伦理社会的书写语言，成为艺术设计活动中的美学法则。原型象征的变迁在世界各地不断生成和演变，其外在的变形总是与所处的时代相呼应。在当代的中国，对文化大传统时期的各种原型智能体系的解读，其意义不仅在于"文化自信"，更可以成为人类智慧求解全球语境的新机遇。（图5-1）

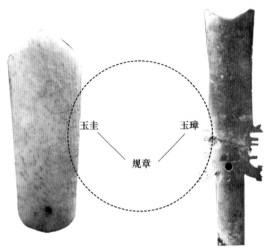

图5-1 圭璋形意

一、《周礼》中璋的原型

玉璋开始于新石器时代，最小的高度只有5～6厘米，最大的1米有余，古人用此表达等级关系。东汉许慎在《说文解字》中说："璋，剡上为圭，半圭为璋。"圭的一半为璋。从出土形态上看，圭多为对称均衡的，璋的形态变化较多。《周礼》中提到赤璋、大璋、中璋、边璋、牙璋，并规定"以赤璋礼南方"。赤是西周时的重要色彩，赤玉一般为玛瑙材质。《周礼》记载的璋如以象征对象而言，则可分为三类。第一类为赤璋。赤璋是礼南方之神的。第二类为大璋、中璋。《周礼·冬官考工记》记载："大璋中璋九寸，边璋七寸，射四寸，……天子以巡守。"说明玉璋还是天子出行时祭祀山川的器物。第三类为边璋、牙璋。《周礼·春官宗伯》说："牙璋以起军旅，以治兵守。"由此可见，牙璋可以作为兵符令箭号令军队。（图5-2、图5-3）

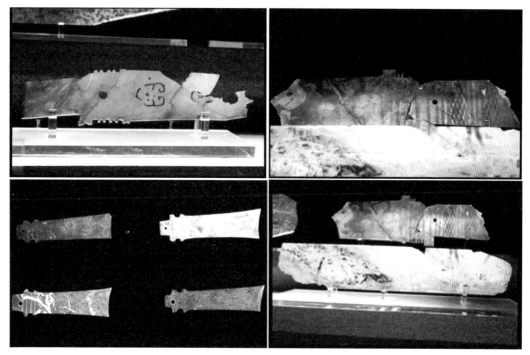

图5-2 金沙遗址中的玉璋

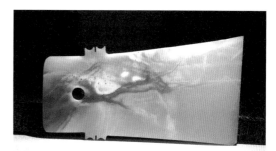

图5-3 齐家文化遗址中的玉璋

　　还有文献记载璋是圭的半体，如《诗经·大雅·棫朴》云："济济辟王，左右趣之。济济辟王，左右奉璋。奉璋峨峨，髦士攸宜。"这里的"璋"应该属于彰显德性的仪式用具。《周礼·春官宗伯》云："驵圭璋、璧琮、琥璜之渠眉，疏璧琮，以敛尸。"这里的"驵"指龙马，驵疾指骏马疾驰，驵壮指马健壮，驵卒指马夫，驵骏指马健壮的样子。"渠眉"指玉饰上的雕纹，郑玄注："渠眉，玉饰之沟瑑也。"圭璋寓意对先祖山川的礼敬，璧、琮为天地之礼器，琥象征驾驭疆域的军队军权，璜者为沟通天地的桥梁，整个的"敛尸"排列就可以作为起死升天、转世还阳之用，古人的"传情达意"实在是丰富。从殷墟出土的玉璋的位置也可见寓意，许多随葬玉璋的墓，其中玉璋的放置位置是清楚的，几乎都置于墓主头骨部位，少者一件，多者数件，有的成捆叠放在

一起[①]。后世的玉组佩和金缕玉衣，有着更为丰富的排列组合，都是这种升天转世思维的延续。（图5-4）

为了获得玉璋功能的总体指代意象，本章对玉璋的功能进行了七个方向的总结：

（1）与山神沟通，表达对山神祖先的敬畏。

象征性的东西总是从实际的原型发展而来。《山海经》中的丘即夯土成向上的"山"形，以表示"崇高"的敬畏。《山海经》里，所有的"帝"与"神"，不是在山上就是在海里，"帝都"建在山上，水里有海神庙。中国上古时代，最高的山有个特殊名称，叫"昆仑"。《尔雅·释丘》曰："丘，一成为敦丘，再成为陶丘，再成锐上为融丘，三成为昆仑丘。"成者，层也，"三成"谓其高，凡高山都可称昆仑。山是单纯的、高大巍峨的，单纯的玉璋外形与山相似，山之巍峨予人神力。祭告山川，取信鬼神。古人有死后葬在自家山林的习俗，为的是与生者的记忆相连，这样山神就可视作死者与生者的守护之神。

（2）建木的天梯作用。

在《山海经》里，"昆仑"出现20次，分属八处，东南西北中都有。与"昆仑"相应的是"建木"，创始神话中的"混沌与昆仑"似乎有一定的关联，如语义读音的关联、与神的居住地的关联。可能天地在脱离混沌的始初状态之

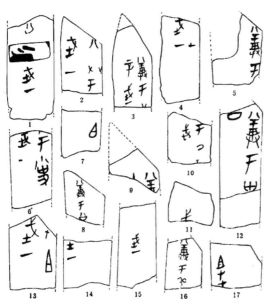

图5-4 殷墟出土的玉璋朱书

① 孟宪武，李贵昌. 殷墟出土的玉璋朱书文字[J]. 华夏考古，1997（2）：76.

后，先民在直觉思维意识下以"高大"之联想建立"天地柱"的认知，把天当作神界，以地为人界，这个思维对后世佛塔的演绎有一定的引导作用。《山海经·海内南经》曰："有木，其状如牛，引之有皮，若缨、黄蛇。其叶如罗，其实如栾，其木若蓝，其名曰建木。"郭璞注："建木青叶，紫茎，黑华，黄实，其下声无响，立无影也。"《吕氏春秋·有始》曰："白民之南，建木之下，日中无影，呼而无响，盖天地之中也。"唐卢照邻在《病梨树赋》中说："建木耸灵丘之上，蟠桃生巨海之侧。"从表面看，建木是一种神木无疑，在人神之间有特殊用途，但仔细分析可知其在天地之中无影，似乎建木可被视为一种空间，类似现代的广场，中间再有一高直的纪念碑形的"木"，以表达和传递人的意愿与天上之神相通的心理。据《淮南子·地形训》所载："建木在都广，众帝所自上下。"建木在其中起到人神的"天梯"作用，因此玉璋的造型可能有模拟天梯的心愿。

（3）祭祀水神，大洪水神话的记忆留存。

古籍记载，古人祭祀山川之时，大山川用大璋，中山川用中璋，小山川用小璋。如果所祭的是山，礼毕就将玉璋埋在地下；如果是川，礼毕就将玉璋投到河里。山川为人的依靠，依山傍水而人杰地灵，玉璋是平息水患、寻找靠山、礼敬水神的祭祀物。

（4）祖形，帝后的身份功能。

《礼记·礼器》孔疏云："诸侯朝王以圭，朝后执璋。"诸侯朝拜天子的时候手执玉圭，朝拜皇后的时候手执玉璋。正因为玉璋是男根的象征，属"阳"，执之以朝拜皇后，皇后"母仪"天下，是"阴"的象征。玉璋是阴茎造型可以从古籍记载中得到印证。如《周礼·冬官考工记》记载，玉璋的功用是"诸侯以聘女"，诸侯王订婚娶妻之时，要把象征父系血缘的玉璋交给女方，当作信物。先秦时代诸侯国中的卿大夫与诸侯王都是有血缘关系的，因此圭璋的形态隐喻也并不牵强。西周以后，头部呈凹刃或"丫"形的玉璋逐渐被尖头的"祖"字形玉璋替代，形似后世民间的祖先牌位，类似西方方尖碑的作用。华夏文明主体为农耕文明，但是以西域古老的阿尔泰游牧文化为内核形成的游牧文化在华夏文明起源过程中始终具有一定的影响。游牧文化提倡父系为主的血缘文化，其崇拜的器形为男根"石祖"雕像。（图5-5）

（5）盟誓的边璋。

早期"祖"字形玉璋以山西省侯马晋国遗址的盟书玉璋为名，埋藏年代大约在公元前496年以前，玉璋上写有盟书约文。侯马盟书玉璋最大的长32厘米、宽4厘米，较小的长18厘米、宽不到2厘米，共出土5000余件，有文字可辨识者650余件，大多用朱笔书写。盟书反映了大约2500年前，晋国贵族内部出现了长期激烈的"六卿倾轧"权力斗争。具有共同血缘关系的赵、魏、韩、智、范、中行氏之间，时而以同宗同祖名义结盟，时而携不共戴天之愤混战，历史记载为"三家分晋"。这些诸侯、卿大夫以祖宗名义结盟时，用"祖"字形玉璋书写盟约，以此祭奠共同的祖先，祭告山川，取信鬼神。盟书一式两份，一份藏在结盟者的府库中，一份与献祭之牺牲同埋于地下，由萨满巫师共同书写"诅祝"。这些有朱书字迹的玉璋与侯马盟书同样在一片玉片或石片上写一段完整的誓辞。

（6）地位身份的信物或号令军队的作用。

《诗经·大雅·棫朴》云："济济辟王，左右奉璋。奉璋峨峨，髦士攸宜。"郑玄释为左右之臣执璋琐助王行裸礼，但璋琪用以挹酒，不能出现"奉璋峨峨"的盛壮场面，联系上下文，知璋有左右之分，故诗言"左右奉璋"，说明璋可作为古之信物、虎符。

图5-5　一些石和陶的礼器象征

（7）民俗中的贵贱表征。

《诗经·小雅·斯干》曰："乃生男子，载寝之床，载衣之裳，载弄之璋。……乃生女子，载寝之地，载衣之裼，载弄之瓦。""弄璋"和"弄瓦"成为男孩、女孩对言的典故，把生男孩叫"弄璋之喜"，生女孩子叫"弄瓦之喜"。玉做的璋对应土烧的瓦，材料贵贱与产量分明，由此可见华夏民族父权文明中"男尊女卑"的象征。玉一直作为君子之德，象征精神品德的高洁，因此有"宁为玉碎，不为瓦全"。《淮南子·齐俗训》载"帝颛顼之法，妇人不辟男子于路者，拂之于四达之衢"，女子若在路上不小心碰撞了男人，便会带来晦气，所以要在通衢举行除凶去垢的祓禳仪式。颛顼的这项规定反映了当时社会上男尊女卑的情况。

总体而言，璋的指代功能丰富，正如杨伯达所总结：玉璋的功能在《周礼》中已有记载，值得注意的是，一种璋往往具有两种功能。璋"以颒聘""以敛尸"，璋邸射"以祀山川""以造赠宾客"，而牙璋却只有"以起军旅、以治兵守"的单一功能。

二、由规划工具到玉砌建筑象征的演变

迄今为止，中外学者比较一致的意见是，玉璋是耒耜造型，是从原始社会晚期的农具耒耜演变而来，例如日本著名考古学家林巳奈夫、中国著名历史学家李学勤、著名古玉器专家邓淑苹都持这种观点。然而这种观点集中的是对其农耕文明的考虑，农耕文明主体依赖土地耕种的需求。

从璋的形态看，璋与《周礼》所记载的功能一致，主要为祭祀、册封、朝觐使用。但从后世出土文物可见，玉璋的形态变化较大，也许是出于功能的迁移，更有可能是因为玉璋形体较大，制作过程耗费玉石多且时间长，加上祭祀之后埋土投河，其反复使用的概率较小。

　　我国目前发现最早的璋见于良渚文化早期墓中，为一种璋形饰。1990年11—12月，由中山大学人类学博物馆、人类学系考古教研室和香港中文大学中国文化研究所以及中国考古艺术研究中心组成的考古队，在香港第三大岛南丫岛西岸的大湾遗址的发掘过程中发现了重要的玉器牙璋。1975年，山东临沂大范庄、海阳司马台、五莲上万家沟出土的牙璋，形状古朴，器形顶为双尖下弧，刃出阑齿，长方柄。杨伯达先生认为：从器物与遗址文化属性相联系的角度来考虑，临沂大范庄龙山文化早期遗址出土的牙璋，为山东乃至全国出土牙璋中制造年代最早的一件。由此推断，山东龙山文化遗址出土的牙璋是牙璋的祖型。这类璋的形状被学者延伸为"观察星象的仪器"、带有规划功能的圆仪天尺。"其状似羊角，取象扶桑挺木（建木、鸟秩树）树端二歧（示阴阳）……简而为'丫'。与圭尺（量天尺）分用时，巫者一手持圭，一手持牙璋……或一手持钺（规）璋合一器，一手持圭、矩合一器（圭尺的另一端与四方形相连，作凸形）。"①（图5-6）

　　2013年在陕西、山西、宁夏三地交界处的神木县石峁遗址中考古发现了"石破天惊"的琼楼玉宇。为何称"玉宇"？是因为在石峁城墙里插砌着玉器。什么建筑需要插上玉器？这引起学界对石峁遗址深入、持

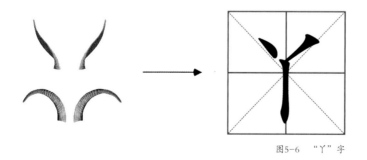

图5-6 "丫"字

　　① 王大有，宋宝忠，王双有. 璋牙璇玑——中华文明与美洲古代文明亲缘关系图证（4）[J]. 寻根，1998（4）：44.

久地探索。石峁遗址探测面积为425万平方米，残存的石墙遗址拥有两层相对独立的石构外城、内城及内部独立高耸的皇城台，这是4000多年前的造物呈现，是无文字成熟体系和无建筑标准前提下的"城域规划"。建筑考古学家杨鸿勋认为，这处遗址的完美程度，接近先秦时代"筑城以卫君，造郭以守民"的原始酋帮社会建筑。更令人震惊的是，遗址城墙建筑结构超前复杂，广场外层叠效果类似秘鲁马丘比丘山。多达九级的堑山石块垒叠而成的护坡石构成丘状方形皇城台，展现出"崇高""巍峨"的建造意义。（图5-7）

　　惊奇的是石峁城墙中保存着纴木结构。宋李诚《营造法式》记载的"筑城时，城每高五尺，横用纴木一排"的技术，在发掘的皇城台二级、三级石墙墙体内被发现，墙体每隔1米左右横向插入用于支撑的纴木，纴木下面还用石板支护，外形及木纤维结构保存4000年左右仍清晰可见。石砌城墙的黏结剂由草拌泥而成，墙基结构建立在并不平整的山地上，古石峁人已经懂得借助地势向下开挖1米左右的地沟槽筑基，砌石块填平地基之后，再向上砌筑墙体，从而保证墙体的坚固，防止坍塌。这种技术的合理性和精湛性显示建筑工程在王权时代已经趋向成熟。（图5-8）

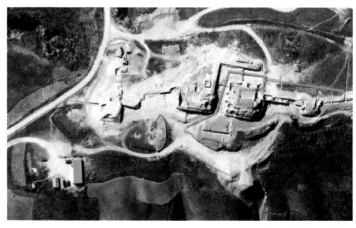

图5-7　神木县石峁遗址

图5-8 皇城纴木

　　前面的神权时代章节，已经表述中国设计造物中"精神与物质"的交融，建筑也就成为集中表现"泛道德主义"的代表，以建构表述"天"授，除了方正有序的规模，尚需载入当时人们赋予精神观念的物品——玉，这也就不难理解"琼楼玉宇，雕栏玉砌"所描述的神圣。优质玉的稀缺性和与天媲美的玉料特征，构成人们尊玉、礼玉甚至"以玉为兵"的超越观念，石峁古城的建造者显然还不具备"紫禁城"建筑审美形态上的玉质指向，而是直接将琢磨好的玉器成品穿插在筑城时垒砌石块的缝隙之中，以达到驱鬼避邪的信仰功能。考古人员对外城东门旁的一段垮塌墙体进行了清理，并在墙体中发现了6件玉器。这证实了当地传闻——在残垣断壁中可以采集到玉器。建筑本身用玉的情况，在迄今的史前考古发掘中很少出现，只在商代建筑基址中有零星的发现。石峁先民为何用玉器筑城？玉本身不能作为直接的功能性建筑材料，因此可能是反映间接的心理效应，至少存在以下作用："与天齐"和"敬天获庇护"的信仰愿望；阶级分层的尊者象征物质；借玉营造强大的宇宙巫场。正如叶舒宪所言：在古人的信仰世界中，建筑绝不只是一种工程技术的产物，同时包含神圣性的营造过程。建筑巫术现象之所以在考古发掘中频繁出现，这和华夏远古宇宙观下的吉凶祸福观密切联系在一起。因此石峁遗址的"玉砌"是上承前代神话时代的精神造物，下启后代建筑美学、"礼制文化"的神圣与现实的重要营造思维。

　　除此之外，外城东门附近下层地面发现两处集中埋置人头骨的遗迹，均有24个头骨。石峁城墙不只是一座物质的建筑屏障，更是一座符合史前信仰的巨大精神屏障。对于石峁城内的居住者而言，还会有比这更加强大有力的精神安全保障吗？

　　源于新石器晚期的巫术和祭祀，很可能是后世中华之"礼"和礼制文化的直系源头。中国神话学者叶舒宪如是说："在古人的信仰世界中，建筑绝不只是一种工程技术的产物，同时也是神圣性的营造过程。建筑巫术现象之所以在考古发掘中频繁出现，这和华夏远古社会宇宙观支配的吉凶祸福观密切联系在一起。"[①]叶舒宪揭示文化大传统时期神权思维及这种思维对造物的精神和创造的推动力，就是理解"古国、方国、帝国"框架下的早期文明格局的钥匙，同时也是理解史前造物丝毫不逊色于现代技术造物的原型密码。

三、玉璋形态功能的现代延续

　　从璋字字形观察，其左边为"玉"，右边为"章"。"章"字本意是在圆柱形的木、石截面上刻划姓名、称号等文字，但这也许仅仅是其中的意象部分。

　　章，金文 ![字形] = ![字形]（辛，带木柄的刻刀）＋ ![字形]（口，木、石的圆形横截面），表示用刻刀"![字形]"在圆形的木、石横截面"![字形]"上刻划姓名或标识性的文字，蘸上红色印泥后，可以印在高级文件或书画作品的结尾位置，作为个人特有地位或身份的醒目标识。有的金文"![字形]"在圆圈"![字形]"内加一横（指事符号），将圆形的"![字形]"写成"![字形]"，表示在圆形的木、石横截面上刻划图文。有的金文"![字形]"加"![字形]"（抓持），强调手持刻刀"![字形]"在或圆或方的木、石截面上刻划姓名、称号等文字。篆文"![字形]"基本承续金文字形，将金文字形的"![字形]"写成"![字形]"。从整体字像看，章字具有中心象征的意思，在空间中有中心定

---

① 陕西师范大学文学院. 长安学术. 第7辑[M]. 北京：商务印书馆，2015：12.

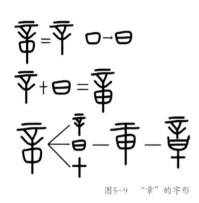

图5-9　"章"的字形

位和纪念碑的象征，如同现代建筑物前的中心纪念柱或旗杆，当然这些功能仅为揣测，其真实的作用可能随祭祀的认定而为。（图5-9）

华夏文明中的核心问题，也就是基于其和谐智慧认清个体与其周围大小环境的关联，将个体的人置身于整体的宇宙空间中进行活动。这种认知转移在造物中，成为一种造物的艺术和信仰，这在华夏文明中被看作天意。由此体现在创始神话中关于"天"的表述，"女娲补天""盘古开天地""二神开天辟地""混沌七窍"等，这些神话又都展现出对于技术（远古科技）、工具（动词隐喻）、空间定义的认知。华夏文明在五千至一万年的造物活动中，大多制作一些象征"天意"的造型，如"玉璧拟天""玉琮象天地"。

中华文明的核心是"文而化之"。《周易·贲卦》有言："观乎天文以察时变，观乎人文以化成天下。"西汉以后，"文"与"化"方合成一个词——"文化"，与"野蛮"等无教化对举，从此"文而化之"绵延在华夏文明中。文化是文明进程中较高层次的表述，文明的组成部分包含各种文化象征的器物，这些器物就如同能够说话的物品，起到传播和记载着美以及表达教化的作用。一个区域文化的见识和传播的久远取决于其对文化的理解视角，在理解中将个体作为诉求对象，整合为一个体系，将这个体系扩延到与人相互关联的各种场景中。从生物态度而言，人也不可能为了其他种属而传播文化，人本体的艺术追求超越其生物性特征。正是基于这类思维的延伸，遗址中出土的玉璋有些造型以象形为表征。如广汉三星堆遗址出土的商鱼形玉璋，通身长38.2厘米，器身呈鱼形，两面各线刻有一牙璋图案；在射端张开的"鱼嘴"中，镂刻有一只小鸟。鱼鸟合体的主题，寓意深刻，可能与古史传说中的古蜀鱼凫王有关。该器制作精美，综合运用了镂刻、线刻、管钻、打磨抛光等多种工艺；在选材上，还充分利用玉料的颜色渐变，随形就势以表现鱼的背部与腹部，可谓匠心独具、巧夺天工。考古专家认为，它作为传说中蜀人的祖先鱼凫王的物品，很可能是鱼凫族的族徽表征。《山海经·大荒西经》曰："有鱼偏枯，名曰鱼妇。颛顼死即复苏。风道北来，天乃大水泉，蛇乃化为鱼，是为鱼妇。颛顼死即复苏。"这表明史前时期对绝地通天器物的巫语记忆，在造型上也不断"文而化之"为新的语义。（图5-10）

综上所述，人类造物设计延续到当代，华夏的造物智慧追求功能的超越，并非仅从使用功能出发，而是保持对美学、精神、信仰的一致。在造物中传统中国的哲学思想被融入器物的形态中，将礼乐制度、文化精神、社会正义、国家秩序植入空间与器物中，使空间和器物超越一般意义，成为解读思想的载体和中介。一旦厘清了空间与器物在中国的载体作用，对于华夏文明的各种文化活动，诸如自然地理的改造、天地轴线围合空间的营造模拟、日常美学品味的器物、信仰物质的造型等，便都能够理解其中的深层寓意。以山、海为主要造物对象，神秘的《山海经》记载了此类"改造宇宙"的意志类神话，如"鲧禹治水""建木（天梯）基因""昆仑神母""夸父追日""精卫填海""后羿射日"等，这些神话隐喻了早期先民已经开始从顺从天意的造物活动走向"有计划目的"的造物活动。

图5-10 商鱼形玉璋

第六章
玉璧之宗庙社稷法度

　　《红楼梦》第一回中这样描写"灵通宝石"的由来："原来女娲氏炼石补天之时，于大荒山无稽崖炼成高经十二丈、方经二十四丈顽石三万六千五百零一块。娲皇氏只用了三万六千五百块，只单单剩了一块未用，便弃在此山青埂峰下。谁知此石自经煅炼之后，灵性已通，因见众石俱得补天，独自己无材不堪入选，遂自怨自叹，日夜悲号惭愧。"何以创始神话的记忆在数千年后转移为文学的隐喻？这是否可以理解为"玉承中国"整体体系的延伸，从象征天地四方的玉礼器走向人格精神的符号？文人因仕途而自我忧怜，以弃石自比仕途不达之悲，但弃石同样有所作为。整体的"玉礼信仰"在历史变迁之中超越形式层面的行为或制度，映射文人精神诉求，连接整个国家庙堂社稷与法度，在空间与器物中彰显"玉承"。

　　以玉为建成环境的品质，展现为中国建筑和造物对于圆形的偏爱，《周礼》说"苍璧礼天"，人们更愿意将苍璧的形态转化为建筑语言。古代中国人认为天是圆的，是太阳和神住的地方，而"圆"则是人间生命圆满永恒的象征。在建筑上，中国的半坡姜寨聚落、祭祀明堂建筑，通常都是方形台基（寓地）、圆球体块（示天）。中国人认为"天人合一"，天的圆和生命的圆相通，生命的圆呼应天的圆，天的圆护佑生命的圆，人们不仅寻找直接象形的生命空间，也概念性地创造圆的其他形态表达。在通用的物质器物中，圆形的器物是最广泛的，民间的火盆、手炉延续着上古初民对太阳的崇敬心理。而最初的器物彩陶及当代仍然在使用的碗和盆都展现美丽的圆，在装饰首饰造型中，圆镯、项圈、环扣仍然代表着基础的美学品位。圆及圆延伸的词，甚至作为传统中国哲学思维中和谐、美好、吉祥的寓意，中国的古典文学最通常的结局原型是"大团圆"，由此可知圆对造物形态和引申的造物设计、精神象征、民族信仰的直接作用。

一、圆形营造的原型隐喻

国中有玉，以中为本，国字大包围框可视作"地方"对"天圆"的呼应，这种圆方的转换，体现出华夏先民的心理世界。牛河梁红山文化遗址曾出土一种玉璧，单璧外形分为圆形、方形和方圆形三种。显然天宇的神奇与伟岸在先民的世界里是不可捉摸与神秘的，唯有"地方"是生存之本。在"地方"中围合城池、院落、四壁便形成人的空间。汉代许慎在《说文解字》中对玉的解释是："玉，石之美。有五德。"说明玉的原型在材料物质上是"石"，在美学上具有艺术"美"，在气质上接近"天"质，在精神人格内涵上具有"德"的概念。

中国古典建筑原型首先追求的是"中正有序"的正义，方国天下的人道精神。建筑同"中""国"两字的原意一样，有方位意识，在东、西、南、北四个方位里寻求中正。《诗经·大雅·民劳》中有"惠此中国，以绥四方"，与四方对应的是中，中又可延伸出中间、中庸、中等、中轴……对"中"的认知显示出中国早期的美学层次，对称、均衡的逻辑都从"中"而出。《尚书·大禹谟》曰："人心惟危，道心惟微，惟精惟一，允执厥中。"中国建筑最根本的美学追求是"执中"，国家宗庙社稷也以此为法度，从而养蓄华夏文明5000年的智慧。

法国马克思主义理论宣传家拉法格说：神话既不是骗子的谎言，也不是无谓的想象的产物，它们不如说是人类思想的朴素的和自发的形式之一。只有当我们猜中了这些神话对于原始人和它们在许多世纪以来丧失掉了的那种意义的时候，我们才能理解人类的童年。[1]因此文献中的记载必须还原到原型思维及场景中分析。

---

① 拉法格. 宗教与资本[M]. 王子野，译. 北京：生活·读书·新知三联书店，1963：2.

《诗经·大雅·绵》中的"陶复陶穴",也有建筑空间之意,陶的本义是挖掘。穴陶大了,穴拱承受的压力也大,便易坍塌。于是先祖便在穴的中央留下一根土柱支撑穴拱,但自然之穴毕竟有限,由于科学技术不发达,工具落后,陶穴难度很大。古人类由洞穴移居到洞外,但地面上野兽多,洪水泛滥,古人类可能受到了鸟的启发,构木为巢,依托旷野中的大树为巢。观念支配行动,导引出建筑样态的象形,人的观念和意识催促行为和创造的动因。

中国建筑的最大原型来自天宇,天圆地方的形态隐喻均等和共享。文化大传统时期的人们最早面对的最神圣的圆是宇宙天空,黑夜白昼的光造成圆天的色彩变化。太阳和月亮在圆空中循环,年岁、季节、风向使圆具有时间的象征,人类由此以圆为世界中心。圆形从几何形态特征看并不存在等级,而是单纯和谐。天空、日月、大地均是圆的,圆形勾勒了边缘和中心。孕育人类的母体同样为圆形,植物的茎的截面也是圆的。既然伟大的神灵使得一切成为圆形,那么圆也就被史前人视为神圣,成为自然万物的生命象征。人们寻找圆形空间作为生命的住所,从天然的穴居到巢居,再到人造的圆形穹窿,人们实现了物质空间与精神空间的平衡。《礼记·礼运》记载:"昔者先王未有宫室,冬则居营窟,夏则居橧巢。"人类选择洞穴和巢居,严格来说这种空间只因近似"母体"而使人产生安全依偎之感,其神秘甚至不亚于生命的再生本身:洞穴环闭的空间象征着女性的产道与子宫。圆形象征着循环往复,以及强有力的中心,如祭坛(天坛的圆形力量)。由此可见,因"天圆地方",建筑中的圆制造生活中心,构成一种滋养生命的联想。把穹窿做成圆形,又将帐篷连为圆环,任何仪式集会人们都围坐一起。圆也是帐篷和掩体的象征。如果有人以圆作圣器并且圆一点也没有被分割开,它应被理解为世界与时间的象征。钟敬文先生在其《中国民居漫话》中认为,蒙古包(天幕)"是艺术的文化产物……在形体的构成和材料的选择、安排等方面,制作者自觉或不自觉地要遵循了某些美学的法则",蒙古包四周的圆形和穹形的屋顶与天幕的原型构成制作者的审美和敬天心理[①]。对应的中国建筑的圆形原型存在多种映像，"天圆地方"的原始宇宙空间意象在不同分层中体现在各种建筑的轴线布局和门窗形态之中。（图6-1）

二、玉璧形态延伸的营造象征

《周易》中说"天玄而地黄"，是在指称空间的同时暗示天地的色彩，也同时隐喻人们不仅以天地为空间原型象征，也以接近天地之色的物质作为象征法器。这种物质神话叙事可追溯至盘古开天辟地，传说盘古开天辟地后，他的呼吸变为风和云，肌肉化为土地，骨髓成为玉石、

图6-1　建筑原型形态之穴居与巢居

---

① 钟敬文. 中国民居漫话[J]. 民俗研究，1995（1）：2-3.

珍珠、玛瑙等珍贵物质。玉石被视为灵异驱邪之物，同时玉石的色彩及质地近乎"天玄地黄"，温润如人之肌肤，《说文解字》亦称玉为"石之美"。玉石被作为天道和人德的象征。用玉制作的圆形玉璧在约6000年前的红山文化中就代表通天、与神相通等多重寓意。《尚书·吕刑》中传说："乃命重黎，绝地天通。"按照楚观射父的解释，就是"绝地民与天相通之道"。少部分的首领、巫祝代表族群与天神沟通。为了祈求特殊的权力和保护，模拟天圆以玉石制作象征物，因玉隐喻的原型精神，后世逐渐形成以玉质等级划分地位尊卑的人格修养。

史料记载，周公旦承商天下后为了"保享于民"得到"享天之命"（《尚书·多方》），感到倚靠"天命"的不长久，"天不可信"，天是不会信赖无德的，必须"聿修厥德。永言配命，自求多福"（《诗经·大雅·文王》）。周公旦登坛昭告天下，制礼做乐，以玉象征德而行天下大义。司马迁《史记·鲁周公世家第三》记载："周公于是乃自以为质，设三坛，周公北面立，戴璧秉圭，告于太王、王季、文王。"周公将璧戴在身上，表明的是王权替天行道之性，而执圭则有着男权能力的象征，如同非洲民族对于男根的夸张装饰。玉璧中又隐喻着建筑聚落和规划意愿。《文心雕龙·原道》记载："庖牺画其始，仲尼翼其终。"伏羲首先画了八卦，孔子最后写了《十翼》，伏羲的八卦围绕太极鱼图同心圆排列组合，或规律地沿圆周切去八角排列。一些古代典籍中记载了中华文明的始祖伏羲、女娲以及盘古开天辟地的传说，如《淮南子·览冥训》记载："往古之时，四极废，九州裂，天不兼覆，地不周载。……于是女娲炼五色石以补苍天，断鳌足以立四极。"神话口耳相传，夹杂着历史的镜像和对自然的认知，上古女娲补天的传说基于艺术的夸张与渲染，也基于自然现实。从文献记载可窥见"玉"用来充当神灵载体的物质符号、拟天祭神替天代言的象征符号，其特殊神秘的材质带给人类通灵的能力，并庇护人类的生命。用玉制作的器在漫长的国家王权形成过程中，成为支配"神治""礼治"敬天祭神的视觉约束。当然每种祭祀活动都必定和今天一样有目的和空间场所，如宗教空间最后发展出哥特式建筑和拜占庭式建筑。随着规模和其他原因的复合，玉治也就最终"玉承中国"（叶舒宪言）。"玉在中国文明起源过程中起到了一种催化剂作用，玉与权力（政权和神权）这样紧密地结合，玉的神秘与高贵的属性找到了最好的表现形式。"①这样在整体社会形成一种以玉作为"敬德""畏天"的象征思维。卡西尔认为，神话不仅是想象的产物，而且还是人类一种理智好奇心的产物。神话并不满足于按事物的天然存在状况去描述它们，它竭力追踪它们的起源，它希望知晓它们为何存在。先民以玉璧追踪玉德的思维就是为了更好地存在。

　　文化大传统时期主张天圆地方，故玉璧这种中央有穿孔的扁平状圆形玉器作为祭天之器沿用在历代"天命"活动中。同时社会秩序的"德治"也主张隐喻在佩玉行为中，《礼记》载："古之君子必佩玉。……君子无故，玉不去身，君子于玉比德焉。"玉璧形态对古典造物美学的影响也同样巨大。叶舒宪先生曾论述：玉璧在周代影响到铜钱的产生，再到秦汉两代催生出建筑用砖和墓葬画像石中的最流行的图案表现模式，如十字穿璧、连璧纹、二龙穿一璧、二龙穿多璧等，构成中国美术史上一个重要章节。②辽宁赤峰的红山有三连串的玉璧，似乎呈一个人形，是否有三生三世、三生万物的物态象征我们不得而知，但三个递进大小的圆璧在制作工艺上增加了难度，只有具有特殊的象征记忆才可能驱动史前人的"创作热情"。

　　玉璧形令佩带者凝神聚气，代表得天地之和谐圆满。玉璧的文化原型在历史文化中经过了种种审美或物稀的变迁，从当代的玉锁及玉牌中可见器形变化。《庄子》中说："缓佩玦者，事至而断。"君子的品质修养和信念成为佩戴玉的社会约定。玉德约定也体现在建筑之中，有德

① 王仁湘，贾笑冰. 中国史前文化[M]. 北京：商务印书馆，1998：132.
② 叶舒宪. 玉璧的神话学与符号编码研究[J]. 民族艺术，2015（2）：28-29.

的建筑、高贵的建筑都与玉有着直接联系，如琼楼玉宇、金玉满堂、雕栏玉砌。中国传统建筑最宏伟的圆形象征建筑当属北京的天坛"圜丘"，它是整个华夏民族在精神信仰方面的集大成者，同时也是祭祀建筑的成熟典范。

三、玉璧衍生的空间实践

在乡俗村野，圆形建筑最集中的是福建省的土楼。曾经火热的综艺《爸爸去哪儿》（第三季）第三站，来到福建省漳州市的南靖土楼，让人们在很长的时间里，都无法忘记土楼里这些精彩的片段。影片《大鱼海棠》中也借助土楼的建筑原型，再现生命轮回的意义。（图6-2）

图6-2　土楼建筑

其他国家和民族对于圆形的偏爱同样存在。如印度尼西亚的婆罗浮屠，沿着九层方形高台登上顶端，就能看到72个圆形佛龛。为了进一步呈现婆罗浮屠的价值，以其作为原型的安曼吉沃酒店将圆形佛龛作为酒店的设计元素，以扇形构筑酒店别墅群与酒店主体建筑的聚落关系，使文化遗产与现代酒店在完美的形态中实现共生，安曼吉沃酒店可谓婆罗浮屠的复活，它由此在全球酒店业的激烈竞争中，找到了以文化生态为主题的经营之道。（图6-3）

越南昆嵩省的Kontum Indochine酒店咖啡厅，设计者为武重义，一位热爱自身民族文化的建筑师，一位熟练使用当地材料塑造文化原型的建筑师。有趣的是其作品表达了天圆地方空间的现代性，这也许源于对生命空间的创造本能。其设计的咖啡厅如同母亲的怀抱，空间在竹子编制的围合下扩散出母体的柔和。现代生存世界对于"集体无意识"的本能记忆仍旧是人类赖以感受愉悦的主体，武重义对于文化原型的理解，使其设计出的建筑能够展现圆形空间的现代美。（图6-4）

安曼吉沃　　婆罗浮屠

图6-3　安曼吉沃与婆罗浮屠

现代社会，拟天的意愿实际上一直潜隐不断，人们仍然在寻求圆形形态的庇护，北京石林峡玻璃观景台、天津永乐桥摩天轮（即"天津之眼"），都如中国的玉璧般静卧在大地上，都可谓圆形符号在不同层次空间场域中的呈现。（图6-5）

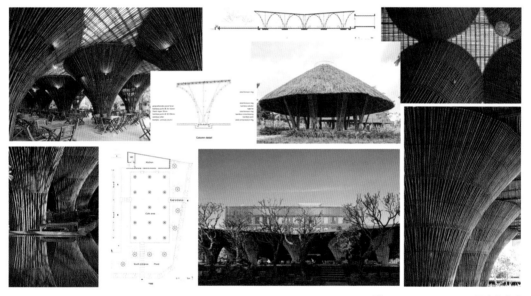

图6-4　Kontum Indochine酒店咖啡厅

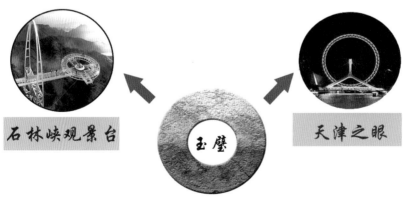

图6-5　北京石林峡玻璃观景台及天津之眼

中国圆形围合最初见于辽宁赤峰红山文化遗址的圆形祭坛上，现存祭坛以小石块围成一圈，形态上与英国复活节岛上的巨石阵祭坛较为相似。尽管两地相距甚远，但对于祭天采取的象征几何形是同一的。成熟的氏族聚落最初见于仰韶文化的姜寨聚落遗址。美国社会哲学家刘易斯·芒福德曾说：原始村庄的每个部分都印证了女人所起的巨大作用，包括村庄的各种物质构造，那些防卫性的围院；这些构造更深的象征意义，目前已由精神分析法逐步揭示出来了。庇护、容受、包含、养育，这些都是女人特有的功能；而这些功能在原始村庄的每个部分表现为各种不同的构造形式，如房舍、炉灶、畜棚、箱匣、水槽、地窖、谷仓等。一些更原始的建筑结构，如房舍、居室、陵墓等，也往往为圆形；就像希腊神话中所讲的那只最原始的饭碗一样，是依照阿芙罗狄忒的乳房取形塑成的。（图6-6）

图6-6　复活节岛巨石阵

玉既然具有通灵符号的作用，自然受到儒家君子观的权威影响，"文质彬彬""君子比德于玉""化干戈为玉帛"，最终玉完成了神圣递进的朴素原型、圣物象征、德瑞人格等特殊的形而上的层次内涵。同时图像和物质叙事成为习惯，不仅佩玉、戴玉，而且将玉转化为特殊类型的建筑形态。玉同时具有阴阳隐喻，《周礼》记载，古人以玉璧礼水，在华夏文化中"水"是属阴的；《周礼》又说玉璧礼地，在华夏文化中"地"也是阴性的。民俗文化以玉璋象征男根，并以玉璧象征女阴。玉璧同时象征月亮，因月亮属"阴"。月有圆缺，故玉璧也有圆和半圆两种。

四、玉璧衍生的国家法度

玉璧使用最高贵的材料寓意天的形状和颜色，优质的玉石与天空构成质地上的"般配"，使文化大传统时期的人追逐玉石的踪迹。《山海经·海内西经》有"河出昆仑"的记载："海内昆仑之虚，在西北……河水出东北隅，以行其北。"中国境内的两大河流发源于昆仑附近。昆仑的神圣还在于它的中央位置，通俗地说，就是"得中者得天下"。昆仑山也是"道"最早孕育之地，是"三皇五帝""中央之国"的核心地带。一切治理天下的"道、理"均出自昆仑山。昆仑山在"五行"中为"中土、天地之中"所在地，所以古人用圭表测日的方法，测得这里在夏至白昼午时的日影为一尺五寸。由此可知，确定昆仑山"天地之中"位置有两个基本条件：一是当地是华夏象形文字、文化、文明的发源地；二是测得当地的日影为一尺五寸。以昆仑为中心，构成一个巨大的圆，统辖九州和五湖四海。但空间的庞大决定其传播认知的难度，转换在物质象征中，则意义和形状不变，而内涵却得到更广阔的延伸。中国"以器载道"的原型基因，大概沿此而来。

中国先民对圆形的执着还体现在工具上。山东省济宁市嘉祥县东汉晚期的家族祠堂武梁祠，其内部装饰了大量完整精美的古代画像石，是中国最具代表性的一处画像遗存。在其中一块画像石上，伏羲和女娲各拿着一件开天辟地的工具，这两件工具类似于今天的水平丁字尺、量角器等，都是建筑制器的常规工具。伏羲、女娲使用的工具表明，史前人类通过描绘圆形表达敬畏，通过创造圆空间获得再生，"古人对于建筑的基本理解——规则的构造形成有规则的环境——通过与神话相关的形式表现出来，更展示了古人的建筑思想已经与原始神灵崇拜相结合"[1]。

文化大传统时期的人类最为关心的是如何获得类似自然界的四季更替、植物生命循环、动物冬眠苏醒等方面的能力，鉴于自然界的自发再生更新系统，人类认为自身也同样具有新陈代谢的功能，因此原始宗教最主要的关注点是那些象征生命的空间。像人类产子、葫芦藤上长葫芦、蛇蜕皮、鱼产卵都是生命的更新。文化大传统时期的人类相信出生、死亡与再生永恒循环系统伴随人的生活，为了赋予生命提升和循环更多能量，人类必须创造性地表现这些象征物并且敬畏它们。由此，对于生命循环空间的探索和营造成为人类永久的责任。人类母体空间延伸了人们对于封闭空间的认知，母性也因此拥有至尊的地位，影响到审美造物则体现为圆形装饰的盛行，史前封闭空间和向心性同是古代圣地的属性，后来这些属性才传给了规模更大的城市社区。从单体洞穴空间过渡到城市的进程，人类相信，规划为中心对称及同心圆状态的生存空间会形成有神灵保护的圣界空间，人类在物质性的"宇宙空间复制品"创造中生发了荣格的"集体无意识"，也就是"精神世界"共同认知。早期的祭礼意识及形态也在凡俗生活变迁中作为文化原型渗透到造物设计之中，成就东方的圆满、圆融、圆通、圆混的美学。甚至联系着餐盘，各种不同颜色的食物经过化学和物理的作用，被盛放

---

① 朱梓铭. 中国神话与传统建筑[J]. 攀枝花学院学报，2005（6）：48.

进各色盘具中，大小不同的圆美餐盘及餐盘上饰缀的花边组合成绝妙的图画。而这种圆盘的形态美只不过借助餐桌成为众多东方圆满美学形态的一种。除此之外，在建筑、服装、交通、陈设、园林、器物中，甚至在中国的哲学思想中，圆以各种形式存在，每个圆都是对另一些圆的物质表达装饰。这大概是华夏文明对"日神月神"最真挚之爱的表达。

由上述的圜丘、围屋、圆璧等形态的象征可以看出，史前人具有几何转化能力，以平面视图角度表现宇宙空间秩序，传递自然循环规律。视图的空间转换首先体现在对宇宙天顶的复制和模拟上，人以身体感知尺度，模拟和复制的宇宙视图在生存状态中生发为各种形态。圆璧在建筑结构视图中的三维转化，从象征发展到生活应用，由皇家建筑走向民间百姓民居，如同媒介叙事。不同性质的媒介具有各自不同的"叙事属性"，绘画、雕塑等空间性媒介长于表现"在空间中并列的事物"，口语、文字和音符等时间性媒介则长于表现"在时间中先后承续的事物"。但在实际创作活动中，存在所谓的"出位之思"现象，即一种媒介欲超越其自身的表现性能而进入另一种媒介擅长表现的状态。传统的建筑则具有这样的超越，传统建筑的形态独特之处在于象征性，内中总是与社会伦理表述相吻合，也就是说中国建筑叙说媒介的独特性体现在建筑利用象征联想影响人的潜意识伦理。麦克卢汉曾在著作中讨论房屋建筑的媒介功用，认为建筑物和人类在进化过程中的其他发明创造一样，是一种能影响并重塑人类群体生活模式的交际媒介。

立面形态的延递有铜镜、瓦当、月洞门窗、大型城门，寓意天圆，也就是说圆璧（壁）是有是有庇护作用的。无论是"璧"还是"壁"，其象征作用和精神愉悦是相通的。客家人的土楼在结构上既无开头又无结尾，圆筒状结构极均匀地传递建筑荷载的力学和风学，在层层合抱中实现如"襁褓"般的安全。主体结构十字轴线联系大门、中心大厅、后厅，将仪式化的公共建筑布置在中间，居住向着中心围合，和仰韶文化的姜寨聚落围合如出一辙。这种建筑体现了高度文明的社区关系，建楼时间安排在干燥少雨的冬季农闲时段，族人大量参与工程，降低建筑费

用，形成良好的坚固性建筑和坚固性邻里关系。这种建筑在造型上具有
高度审美价值，在文化上蕴藏着深刻内涵，是中国文化中一种纵贯古今
的结晶。在昔日荒山野岭的客家人生存环境中制造建筑内部的迴响，也
正是令人欣慰的生命气息之延续，从而达到形态的和心理的双重防御。
这也正是中国传统住宅内向性的极端表现，或者说是人类寻求建筑庇护
的良好实践。

第七章
玉圭与华夏信仰向度

　　早期的人类科学智慧与象征密不可分，一些被现代人视为"迷信"的活动，实际上可以理解为早期的科学研究。金、木、水、火、土、气等自然元素无论在任何时代都是世界和谐的重要物质。不管现代科学有多进步，宇宙的象征主义仍然与世界人类保持关联，惠予我们文字更多的色彩。人们总是会发明一些表现内在信仰的原型物质及符号，造物的意义除了生存之外，更多的是造物对于精神及心理思维的回应，以造物的结果对应自然世界无法超越的现实，现代社会这种展现在造物中的思维仍旧持续。诸如摩天大楼的城市形象，便是人类对于宇宙天地与神沟通思维的延续；又如邮轮在海上的漂移，便是大洪水过后留在人类记忆中的舟行智慧。人类的文明秩序一路变迁而来，海洋文明与陆地文明此起彼伏。欧洲由于其地理位置的临海性质，其神圣信仰与文明便与海洋牢牢联系，古希腊神话系统和《圣经》故事中有大量关于海洋文明的记载。华夏文明的地域环境一方面是陆地高山，另一方面是大海，其文明体系便在山海间循环，随文明而来的造物活动也在山海间平衡，其精神活动更加不可能离开山海。《周礼》曰："以青圭礼东方。"日出东方，落于西方，日出日落玄白赤黄，青圭礼东方便有敬畏东方海洋而对应着西边昆仑山的寓意。文献记载的圭是既可礼山又可敬水的"瑞"器，其高直的器型表述了特殊的内涵。因此解读圭隐喻的神圣原型，就有可能理解华夏文明中象征思维与社稷发展及人伦关系的秩序源头，从而在当代世界文明体系中持续推进这种关系。

一、玉圭为瑞

　　圭为古玉器名，呈扁平高直长条形，上端尖三角，下端平直。圭为古代帝王、诸侯祭祀、丧葬或诸侯朝聘时所用的玉制礼器。《说文解字》云："剡上为圭，半圭为璋。""剡"与其锐利的扁平三角尖形有关。在《周礼》记载的五礼"吉、凶、军、宾、嘉"活动中，圭是重要的礼玉之器，其形状拟山而象征天地等级，因等级的象征又常有朝觐天子、测定日影（时间）、丈量土地、婚聘等用途。

1.古典文献中涉及圭为瑞物的记载

（1）《礼记·礼器》曰："诸侯以龟为宝，以圭为瑞。"这里的"瑞"是吉祥和宇宙间极致美好的符号。

（2）《周礼·春官宗伯》曰："以玉作六瑞，以等邦国：王执镇圭，公执桓圭，侯执信圭，伯执躬圭，子执谷璧，男执蒲璧。"依身份和爵位的高低，所执圭璧形制大小各有差等，因爵位及用途而形态相异。

（3）《周礼·春官宗伯》中有大圭、镇圭、桓圭、信圭、躬圭、谷璧、蒲璧、四圭、裸圭之别，这些不同形状的圭，其对象和用途也不同，周代墓中常有发现。这些玉圭主要用于祭祀祖先、山川之神，以求保护和赐福。（图7-1）

2.古典文献中涉及圭用于祭祀山神的记载

（1）《太平御览》卷八〇六引《山海经》曰："鹬山之神，祠以黄圭。"以黄圭祭祀山神。

（2）《史记正义·五帝本纪》引孔详文云："宋末，会稽修禹庙，于庙庭山土中得五等圭璧百余枚，形与《周礼》同，皆短小。此即禹会诸侯于会稽，执以礼山神而埋之，其璧今犹有在也。"由此可知在古时祭祀山神后埋圭璧是一种祭祀行为，至于大禹会诸侯所埋的圭的用途则可结合上海博物馆收藏的《容成

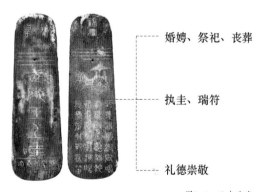

婚娉、祭祀、丧葬

执圭、瑞符

礼德崇敬

图7-1 玉圭为瑞

氏》简进行判断。

（3）《尚书·禹贡》中记载有"玄圭"，它是大禹平定九州，四海会同，膺受天命的象征物，之后发展为夏朝的重要礼器，作为夏王朝的政权象征物。这里的玉圭似有盟誓的作用。

（4）《周礼·春官宗伯》曰："四圭有邸，以祀天，旅上帝。"郑玄注引郑司农云："于中央为璧，圭著其四面，一玉俱成。《尔雅》：'邸，本也。'圭本著于璧，故四圭有邸，圭末四出故也。或说四圭有邸有四角也。"清代戴震《考工记图》云："一邸而四圭。邸为璧，在中央。圭各长一尺二寸，在四面。"根据文献记载，四圭有邸是在玉之中央雕成璧形，东西南北四个方向各雕出对称圭形的玉器。[①]

3.古典文献中涉及圭为德性象征的记载

（1）《诗经·卫风·淇奥》曰："有匪君子，如金如锡，如圭如璧。"《诗经·秦风·小戎》曰："言念君子，温其如玉。"《诗经·大雅·卷阿》曰："颙颙卬卬，如圭如璋。"《诗经·大雅·抑》劝人出言谨慎："白圭之玷，尚可磨也；斯言之玷，不可为也。"此皆以圭璋比喻品德的记录。

（2）《礼记·聘义》中记载，子贡问孔子："敢问君子贵玉而贱珉（美石）者，何也？"孔子回答："非为珉之多故贱之也，玉之寡故贵之也。夫昔者君子比德于玉焉：温润而泽，仁也；缜密以栗，知也；廉而不刿，义也；垂之如队，礼也；叩之其声清越以长，其终诎然，乐也；瑕不掩瑜，瑜不掩瑕，忠也；孚尹旁达，信也；气如白虹，天也；精神见于山川，地也；圭璋特达，德也。天下莫不贵者，道也。《诗》

---

① 李婵、徐传武. 略论周代玉圭的种类和用途[J]. 西南农业大学学报（社会科学版），2011（9）：90.

云："言念君子，温其如玉。"故君子贵之也。"《礼记》所记，不一定是孔子的原话，但是其比附玉的品德——仁、义、知、礼、乐、忠等，大多出自孔子的思想，当是孔子以后的人对玉的美德做的第一次系统的总结。贾谊《新书·道德说》谓："德有六理。……而能像人德者，独玉也。……是故以玉效德之六理。"

由上述文献可知，圭在《周礼》中处于极为特殊的地位，以圭象征"瑞"，《说文解字》曰："瑞，以玉为信也。"这是能够带给人好运的吉祥之物，在《周礼》中反复被记载，玉圭也许就是华夏中国追求祥瑞的象征符号。由于圭的形状，其用途更可能是随行为而定，后世很少用于佩戴。由于圭的体积较大，占用珍贵玉矿资源较多，因此后世玉圭逐渐被其他材料替代，如象牙、紫檀木等。

生活器具中也有很多"圭"的化身，如农耕工具犁头、兵器匕首和长矛头，这些工具的改进让人们从母系的伟大地位膜拜中回到了男性的崇拜。同样兵器（或者匕首型砍刮器）的改进也使人们对于男尊有了新认识，秦始皇一统六国的原因之一就是矛的改进，为了维护这些生命生存过程中的"丰功伟绩"，近似的抽象物像被提高到崇拜的地位，也就可能产生相应的象征性建造。

玉圭也发展到祛除疾病，显示出一种求祖宗庇佑的思维。《尚书·金滕》记周公设坛，"植璧秉珪（圭）"，告祭太王、王季、文王，祈求为武王除病。除此之外，圭也用于祈求雨神赐雨，《诗经·大雅·云汉》记周宣王时连年大旱，周王祈神求雨："靡神不举，靡爱斯牲。圭璧既卒，宁莫我听？"《左传·昭公二十四年》曰："王子朝用成周之宝珪于河。"杜预注："祷河求福。"河神掌管水，以玉圭祈祷的目的是祈求风调雨顺。

二、圭为"天地之中"的象征

　　文化大传统时期的人，日常生活都围绕着两大问题，即食和性：一个是生命的维系，另一个是生命的繁衍。直至进入有历史记载的时代之后，村庄的仪典形式上还供奉着巨大的阴茎和阴户造像。其后，这类造像转化为纪念性形式流传给城市，不仅见诸方尖碑、纪念柱、宝塔、穹顶厅堂这类隐晦形式，还表现为一些完全裸露的形式。（图7-2）

　　人们的生命空间是按照宇宙空间转换模拟的，任何一个空间都希望构建中心点，以中心点理解空间，以中心点理解权力与地位。在古人的理解中，天地之间垂直相交，相交的中心点就是天地原点，同时日中正午，日无影的现象也被古人理解为"天机玄奥"，拥有极大的祥瑞能量，位于中心点的国家为正统王权。这种思维也表述在中国建筑的轴线中心上，传统建筑无论大小实际上都严格执行着中心轴线。然而，以什么为测量或象征中心点呢？以什么稳固中心祥瑞呢？《周礼》反复表述玉圭为"瑞"，就是要建立一个"瑞"的象征体系，使圭在王国中被应用于重要祭祀活动和被贵族持有，从而构成对国家中心原点的确立。当人们手执玉圭行礼时，拿到的如同神的权杖，同时对玉质圭定义的"瑞"，将随着轴线中心点而被确立为祥瑞之地，与心理祈愿共同作用。

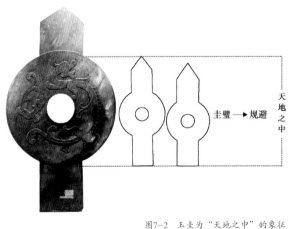

图7-2　玉圭为"天地之中"的象征

　　史前时期在众多的"古国、方国、帝国"框架下，建筑工程追求精神与物质的双重能效，确立中心对于"国"的意义便等同于"文明""秩序""天下"的概念。在考古工作中，一批原始社会公共建筑遗址被发现时，也能够感知当时人们对于中心的追求，如浙江余杭反山遗址的上筑祭坛、辽宁喀左县东山嘴遗址的石砌方圆祭坛、辽西建平县境内的神庙基址等。这些发现，使人们对神州大地上先民的建筑水平有了新的了解，他们为了在相对的天地之中表示对神的礼敬之心，创造出一种超常的建筑形式，从而出现了沿轴线展开的多重空间组合和建筑装饰艺术。这是建筑史上的一次飞跃，从此建筑不仅具有了物质功能，而且具有了精神意义，促进了建筑技术和艺术与祭祀心理祥瑞的共同发展。

　　《韩非子·五蠹》曰："上古之世，人民少而禽兽众，人民不胜禽兽虫蛇，有圣人作，构木为巢以避群害……"《孟子·滕文公下》曰："下者为巢，上者为营窟。"因此推测，巢居是地势低洼、气候潮湿而多虫蛇的地区采用过的一种原始居住方式。《礼记·礼运》载："昔者先王未有宫室，冬则居营窟，夏则居槽巢。"可见在"巢者与穴居"的营造结构中，秉承的上下结构使建筑空间易于产生轴线和中心原点的思维。

　　南方地层结构潮湿，"巢居"已演进为初期的干栏式建筑，如长江下游河姆渡遗址中就发现了许多干栏式建筑构件，甚至有较为精细的卯、启口等。既然木结构建筑是中国古代建筑的主流，那么我们可以大胆将浙江余姚河姆渡的干栏式木结构建筑誉为华夏建筑文化之源。干栏式民居是一种下部架空的住宅，具有通风、防潮、防盗、防兽等优点，对于气候炎热、潮湿多雨的地区非常适用。它距今六七千年，是中国已知的最早采用榫卯技术构筑木结构房屋的一个实例。已发掘的部分木结构建筑遗址，长约23米、进深约8米，推测是一座长条形的、体量相当大的干栏式建筑。木构件遗物有柱、梁、枋、板等，许多构件上都带有榫卯，有的构件还有多处榫卯。可以说，河姆渡的干栏式建筑已初具木结构建筑的雏形，这些木框架以方形为主要结构，催生出一种"中正调和"的空间愿望。事实上，中国传统建筑无论大小，主体的确以追求方正有序为本。

山西陶寺遗址（龙山文化）中的住房已有严谨的轴线痕迹，采用了双室相联的套间式结构，平面呈"吕"字形。套间式结构具有显在的轴线中心布置，在空间生活中更能够展现公正的空间单位。值得一提的是，在建筑面饰方面，龙山文化追求一种光洁晶莹的玉质效果，开始广泛地在室内地面上涂抹光洁坚硬的白灰面层，起到使地面防潮、干燥和明亮的作用。（图7-3）

从上述建筑原初的空间追求中可以看到，人们始终在寻找空间中方正的秩序，空间形态以天地中正轴线为主体，使建筑衍化出威仪的空间正义美学。

三、从"圭臬"到测量"中国"

汉语中"奉为圭臬"意思是"把某些言论或事物当作准则"。张良皋《匠学七说》之"三说圭臬"：一圭一臬，颂扬墓主立身正直，可令

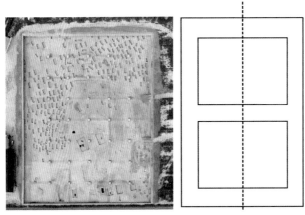

图7-3 山西陶寺遗址"吕"字形结构

世人"奉为圭臬"。它们的基本形状可见1973年浙江海宁发现的汉墓遗址，圭窦为上圆下三角，槷柱呈直立一斗三升状。圭呈圆孔状，臬呈直柱状。一般而言，土圭和水臬是古代测日影、正四时和测度土地的仪器。圭和臬本是古代建筑施工工具，用以定方向测水平。而圭臬的本源是建筑史上最早的两个建筑"符号"。黄佐在其《乾清宫赋》中说："揆日晷，验星文，陈圭臬，絜广轮。"《周礼·冬官考工记》曰："匠人建国，水地以县（悬），置槷以县（悬），眡（视）以景冬官司。"汉郑玄注："槷，古文臬，假借字，于所平之地中央，树八尺之臬，以县正之，眡之以其景，将以正四方也。"也就是说，"臬"是"中"的化身。[①]"中"是中国建筑及哲学的时空原型，圭臬在中国古代属于重要的建筑形态，凡有大规模建置，圭臬之用，先于一切。

2011年，中国社会科学院考古所研究员、山西第二工作队队长、陶寺遗址发掘队领队何驽先生在《三代考古》上曾发表《陶寺圭尺"中"与"中国"概念由来新探》一文。文中介绍了在陶寺遗址中期王级大墓IIM22新出土的漆杆——圭尺的功能，为破解"中国"概念的由来、揭示"何以中国"的疑问，提供了一条十分重要的线索。[②]

许宏在《大都无城》一书中指出，从中国最早的广域王权国家——二里头国家（夏王朝后期或商王朝）诞生到汉代，绝大部分都城与宫城之外的区域之间是没有城墙的，许宏称之为"大都无城"。这在历史书中是中原文明的话语，出土的物证"和尊"在铭文中宣告"中国"的来历。从二里头遗址梳理出很多"中国之最"：最早的城市干道网、最早的宫城（后世宫城直至明清"紫禁城"的源头）、最早的中轴线布局的宫殿建筑群、最早的青铜礼乐器群、最早的青铜近战兵器、最早的青铜

---

① 陈鹤岁. 成语中的古代建筑[M]. 天津：百花文艺出版社，2007：1.

② 何驽. 陶寺圭尺"中"与"中国"概念由来新探[J]. 三代考古，2011（0）：85-119.

器铸造作坊、最早的绿松石作坊等。

文化大传统时期的中国族群之间交往频繁，有记载的持信物会盟自大禹开始："禹会诸侯于涂山，执玉帛者万国。"（《左传·哀公七年》）当时以玉石制作的玉圭、玉璋、玉璧"三玉"作为瑞信之物（瑞玉），形态各有所指，分别象征不同的功能。上海博物馆的馆藏《容成氏》简也记载禹构建中央及东夷、西戎、北狄、南蛮主国与邦国的空间分布，禹将中心国位置留给自己的目的也是通过四邦来朝觐而显示中央国的统治权，圭在会盟中的作用便是确立中央祥瑞之地的合法性。

据1996年11月1日纽约《世界日报》报道，北京学者陈汉平在1996年9月访问华府国家画廊时，发现奥尔梅克展览中，1955年在墨西哥出土的拉文塔第四号文物的一件玉圭上刻有四个符号，与3000多年以前的商代中国文字一模一样，陈汉平甚至可以读出这四个竖向排列的符号的大意："统治者和首领们建立了王国的基础。"①可见，以玉圭象征国家的思维，不仅仅在华夏中国有。对于墨西哥出土的中国的礼器，有学者提出在商纣王战败自焚后，东夷国的余民出海逃离，有可能进入墨西哥。目前的证据无法证实，但是通过拉文塔第四号玉圭可以肯定圭诏示了国家威仪。从原始时期的人类使用的工具出发，相对具有杀伤力和创造性功能的都具有男性识别，这种制作工具和使用工具的习惯也延伸在礼器上，玉圭礼器便是男权社会的彰显。

从古至今，在所有文明中，建筑无不被视为文明的载体。建筑是人类社会必不可少的一部分。在物质上，建筑满足了人类的现实功能需求，为人类遮风挡雨，提供庇护所；在精神上，建筑创造出特定的空间，影响人的本能心理感受，引起心灵的共鸣，由此建筑也被称为"凝固的音乐"。在一定程度上，建筑记录了社会文化的发展变革，承载了

---

① 薛世平."华夏玉圭文化"与"奥尔梅克文明"关系探源——兼斥美国学者库厄、贝格雷等对中国学者的肆意诋毁[J]. 福建师大福清分校学报，1999（4）：8.

人类文明发展的足迹，被誉为"石头的史书"。弗雷泽认为，这是人类的"同类相生"的原理。中国人认为，一个城市的形状以及与其形状类似的东西都会影响该城的命运。建筑利用轴线表述空间的中心点，玉圭利用象征表征人内心的"居中为尊"的意识。

华夏中国的轴线思维及其象征营造满足了建筑空间的纪念性需求，历代类似的礼仪建筑异彩纷呈，一些特殊性质的建筑非常贴切玉圭的"瑞"德功能。在中国，礼器类建筑"有华表、牌坊和陵寝。华表，是中国古代设于宫殿、桥梁或陵寝前作为标志与装饰的柱。华表的伦理意义最初在于它是帝王善于纳谏的建筑象征。后来，华表的建造同政治伦理结合，尤其是宫殿的华表是帝王政治清明的象征"①。

在金字塔、神庙、教堂、宫殿等留存至今的著名建筑中，不仅蕴含着不同时期和不同地域的特定文化，也表征了人类在浩瀚宇宙中寻求自身存在意义的漫漫征程。著名的中心式纪念建筑有埃及的方尖碑、罗马的图拉真纪念柱、印度教的宝塔、印度尼西亚的普兰巴南、梵蒂冈最东面的圣彼得广场。

由玉圭的神圣到祖宗牌位、纪念碑的系列转向表明了中国建筑中"尚中贵和"象征思维的连续，这种思维在现代城市中同样得到了极好的发展，如中国上海的金茂大厦和上海威斯汀酒店的形态便得益于这种思维的延伸。这种思维在现代建筑的混凝土森林中传递一种纪念性的高贵仪式。（图7-4）

---

① 陈万求，郭令西. 人类栖居：传统建筑伦理[J]. 自然辩证法研究，2009（3）：63.

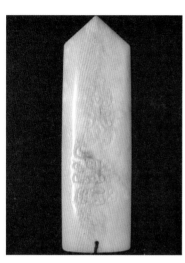

玉圭　　　　　　　上海金茂大厦　　　　　　上海威斯汀酒店

图7-4　玉圭与现代建筑设计

四、以玉圭表征空间伦理的意义

　　就建筑的原型指向而言，西方建筑以垂直轴线表达对上帝的尊崇，最后西方建筑垂直高耸的形态解析在哥特式建筑中。西方建筑理论中的原型思想可以归纳为两种基本倾向：一是追溯建筑的源头；二是发现某些对人类心智具有根本意义的建筑形式。建筑就是人的容器，储存人的思想和行为。不论是维特鲁威追溯的建筑的理性起源，还是罗西寻求的与人类集体意识相关的原型，西方建筑师都在试图透过建筑探访动机和建筑空间的参照物，他们的思维从一开始就如同西方对于"大洪水"神话的人之性恶的理性认识，影响到建筑形态的"以神为本"和社会关系的契约精神。现代西方建筑师们执着于建筑空间的个体特征，而忽略建筑与国家、个体德性行为上的交互，追求建筑的永恒性，热衷于现代材料和特异的技术，忽视建筑师个人的创造性和文化信仰原型的合二而一。作为建筑文化，必定以特定的外在形式制造、暗示、象征和表达某些意蕴或情感，才能突出建筑文化的灵魂。

　　相较于西方建筑的宗教符号规约行为，华夏建筑却以"伦理"紧密勾连凡俗生存场景，以建筑形态"化育"生命中的伪善。在华夏文明变迁的征途中，建筑成就中国人的文化智慧和伦理限制。人们确信隐喻在华夏建筑经纬中的精神网络不仅仅是特立独行的，更是与圆熟的华夏文明系统一体化的，共同成就、服务华夏社会总体结构的功能，渗透着内在统一的伦理价值观念。全球化的媒介语境正在逐步淡化传统文化的地位，给正在逐步恢复文化自信的中国带来新的传播思考，当下他者文化的蓬勃，给一些哗众取宠和博取眼球的建造设计引来关注，人们在激进的发展中建造众多"标志化""视觉化"的奇特建筑，而传统的伦理型建筑形态几乎没有可展现新颖的机会。由于缺乏对文化大传统的理解，以至于接受现代设计理念迫使我们必须探寻失落的文化记忆，重铸华夏精神符号。

当代城市快速发展，实际上，今天对高楼的选择源自社会城市结构的密集，行业之间的合作状态使人们趋向与城市共同生存，中国的快速发展吸引了全球的目光，随着快餐、快捷酒店等的发展还带来了快速化的建筑视觉，外形张扬时尚，不仅建造速度快、密度大，更重要的是钢筋混凝土材料的使用使传统的中国建筑材料及工匠技术逐渐消失，而这些构成的样式视觉正在覆盖古典建筑中的灵魂。建筑伴随的神话思维、乡野民俗也随之替代为他者文化，这是一种悄无声息的改良。如果我们没有警惕之心，后果将是文化记忆和信仰思维的话语丧失。

推动城市发展和国家富强的动力，一定不是以暴力地自我摧毁文化样态、热捧时髦的他者文明为主，而是"由内而生"发自原型文化之中。当人们对西方时尚与科技津津乐道时，也许正在遗忘和忽视最为隽永的文化原型。当人们制造乡村与城市匀质化的时候，失去的却是与之相随的民俗宗祠、地域文化。文明的遗产与基因从来都蕴含着历史的烙印，直接抹平的方式如同摧毁。曾经的古埃及、古巴比伦、古玛雅、古印度的文明都在抹平中不复苏醒，那是人类的创痛与无知。因此沿着中华文明起源的状貌探索建筑的文化原型对当下社会所能起到的"治疗"作用是笔者的愿望。

当今中国的情形是，一个古老文明遭到"运动"的重创，文脉断续。因此，在物质财富逐渐增加的同时，应尽快恢复自身的优秀文化传统，打造出具有竞争力的文明新形态。精神层面的改善和物质财富方面的积累出现了不同步的情形，这种不一致会产生什么后果？我们目前的文明形态是否会损害物质财富的增长？这些都是我们亟待澄清和解决的问题。

美国斯坦福大学历史学教授伊恩·莫里斯（Ian Morris）在其新书《文明的度量：社会发展如何决定国家命运》（*The Measure of Civilization: How Social Development Decides the Fate of Nations*）中，提出了国家发展的诸多重要问题，诸如形态问题、技术问题、空间问题、功能问题，这些问题具有全球性，也同样适用于在当代进程中的中国。

综上所述，由玉圭形态的变迁引入，人们不难理解华夏建筑的原型核心在于传扬"礼"的叙事，建筑的结构依附于最高意志的"尚德"。尽管中华文明在过去的一个半世纪中颠簸动荡，尽管现代化城乡改造给不多的文化遗存带去了阵痛，尽管媒介力量带来经济"亚文化"的肆意陈列，但也许新的"轴心时代"正在绽放。一方面，学者们的敏锐思维与探索研究正在有效激活中国传统基因；另一方面，"一带一路"倡议正在推进，这恰是华夏文化振兴的新机遇，是华夏信仰向度构建的新路径。

第八章
"龙战与野，其血玄黄"中
玄黄玉色的空间

　　透过《周易·坤卦》上六"龙战于野，其血玄黄"所隐喻的自然辩证关系，可以理解这八字隐喻的空间思维。中国原始的道德核心在于演绎天地神秘的意象，以玄黄作为天地色彩二元的表征，用玉石比拟天地阴阳空间原型，将其德升华为天地的伦理指向，延递"立象以尽意"的华夏文化精神，可谓是《周易》中极具智慧的表述。在当代大力推崇传统文化的契机中，挖掘文化大传统时期的造物价值，追溯原型文化所隐喻的文化原型之根，对于解读华夏文明传播中的物质语义和伦理信仰的本相具有重要意义。本章将沿着考古出土物证和文献资料的比对，探索《周易》中的玄黄隐喻。

　　华夏民族对于宇宙的认知思维，大多记录在五经之首的《周易》中，《周易》内蕴藏着的华夏民族对天人宇宙德性的"体认"和"感通"，能在"永恒"与"化育"之间与万物互渗。（图8-1）

　　《周易·系辞》曰："圣人有以见天地之动，而观其会通，以行其典礼。"先民认同世俗事理与日月天象中存在"互渗"辩证，"观鸟兽之文与地之宜，近取诸身，远取诸物"。古人以交感律解释"人—土地—庄稼—季节"之间生命力的"互渗"，认为它们可以因"类同"而交互作用。①因此人的行为须与天地规律相平衡，持敬礼德"以通神明之

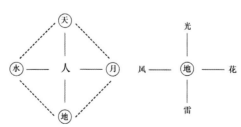

图8-1　万物互渗交感

────────────

① 刘东. 中华文明[M]. 北京：社会科学文献出版社，1994：2.

德，以类万物之情"。《周易》将"天地""万物"纳入一个可变的体系中，将天地之道统摄在"立象"和"阴阳"中，俯察宇宙生命的气象规律，解析宇宙生化的终极伦理秩序。《周易》"以象喻理"，透辟内潜的对宇宙空间的先验象征。正如布留尔所言："原始人为达到预期结果而应用的方法，能阐明他们关于自然力、他们周围的生物和现象之产生的观念；因为我们可以说，他们是按照自己的想象来模拟这个产生过程，要不然就是把这个产生过程想象成他们自己的所作所为的象征。"①上古之人通过推演物质表象，而洞悉事物本原的运动规律，从而规避生存过程中的险阻，将物质象征与神圣精神贯通在凡俗生活中，使其成为解读神秘未知与自然灾难的原型密码。当代有各种各样对《周易》的解读，但对于其本真的原型思维仍然需要进一步建构，本章以"龙战于野，其血玄黄"为主题，探索其显在的色彩原型和隐喻的原初之德，将玄黄二元的文化轨迹纳入传统造物的伦理系统中，以传播华夏文明在当代的价值。

一、玄黄中的天象原型

《周易·坤卦》上六爻中的"龙战于野，其血玄黄"，究竟是揭示色彩原型还是伦理辩证？是外显的天地龙斗还是阴阳互渗？此处的"龙"是物质还是象征隐喻？这些问题都值得细推。《说文解字》对"玄"的解释为："幽远也. 黑而有赤色者为玄。"天空怎么会是"黑而有赤色"的呢？若取色于夜晚，那时天地都是黑色的，又怎会"地黄"？《周礼》曰"以玄璜礼北方"，天如同大屏幕，提供古人知识体

---

① 列维-布留尔. 原始思维[M]. 丁由，译. 北京：商务印书馆，1981：94.

系结构的原点，因此玄黄与光的变化存在关联。玄黄又和气有关。曹植《魏德论》曰："元气否塞，玄黄喷薄，辰星乱逆，阴阳舛错。"曹植将天地混沌气象比作矛盾二元相悖之气。玄黄在儒家思想中是辩证统一的，代表着规律，黄帝作为先祖有异德，就是先天之德，孔子曰"天生德于予"，儒家的伦理原型就在这先天之德的传承中。那么也就可以理解"玄黄"是天地和谐而生德的一种象征，儒家进一步引申到天地人的道德规律中。

对于"龙"的解释同样多义，李鼎祚《周易集解》引《子夏传》曰："龙，所以象阳也。"又引马融："物莫大于龙，故借龙以喻天之阳气也。"因观物而获阳刚与阴柔的"易象"，所以 "龙战于野，其血玄黄"都带有阳刚之象。乾卦为纯阳之卦，为天，六爻属阳；坤卦为纯阴之卦，为地，六爻属阴。乾卦以龙为象表达刚健天子和君子之德，坤卦以马为象表达柔顺之德，所谓龙马精神。《周易》曰："飞龙在天，利见大人。""龙德而正中者也。"当地之精气凝聚而掩盖天之阳气时，阴气与阳气必然争锋而"战于野"。所谓"玄之又玄"，其意无形。《周易·系辞上》曰："天地尊卑，乾坤定矣。"《周易·坤卦》曰："阴疑于阳必战。为其兼于阳也，故称龙焉。"玄天的高深莫测与地黄的混杂交融在天地中轮回变换，二元互为对立又相互调和。（图8-2）

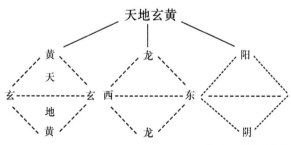

图8-2 玄黄天象喻指

《周易》作为上古"观物取象""以象喻理"的思想总源，提出了一系列相互矛盾而又互有秩序规律的启示，所谓"相克亦复相生，相反又适相成"的辩证转化。《周易》曰："云从龙，风从虎。"古人以云的变动而"言龙形"，实指云气交融的运动。阴气胜于阳气，阳气的脉动与阴气杂糅而引发天地阴阳气脉之运动。文化大传统时期的万物平衡与现代科学的观点相一致，阴阳平衡早被认为是一种"道德"，是人类对于"天地氤氲，万物化醇"的自然事理的类推联想。"同声相应，同气相求，水流湿，火就燥"，事物之间存在着相互干扰和互相附和，人类尊重其运行规律，祈禳"物化"以示对宇宙化生的伦理理解。

《周易》以"乾坤"述道，乾为阳、坤为阴，坤卦是唯一的纯阴卦，象征地，地载万物而化光。《周易·坤卦》释义"龙战于野，其血玄黄"为："阴疑于阳必战。为其兼于阳也，故称龙焉。犹未离其类也，故称血焉。"《爻辞》中称龙为阳、血为阴，用血匹配龙，表示阴阳交合。同时龙代表阳有形，而阴则无形，故以玄黄示之。卦辞表层意思是："二龙激烈搏斗于郊野，流血染泥土，成青黄混合之色，这是明显的言外、辞面、表层义；但这是用以比喻人们双方恶战，不免俱有牺牲，这一寓意才是隐微的意内、辞底、深层义。"[①]《周易·坤卦》曰："夫玄黄者，天地之杂也，天玄而地黄。"刘勰《文心雕龙》曰："夫玄黄色杂，方圆体分，日月叠璧，以垂丽天之象。"故而玄黄也指天地混沌之气，都是沿承华夏中国对于天地及天地之色泽的象征。然而，以何种物质代替这些色彩完成人类内心世界的象征转换？

《庄子·逍遥游》曰："天之苍苍，其正色耶？""苍"本义是"草色"，表示"深蓝色"或"深绿色"，后引申为青黑色。黄色代表

---

① 郑谦. 从《周易》看我国传统美学的萌芽——《周易》经传菁华发微之十[J]. 云南社会科学，1983（6）：104.

中央色、土地色。青色，《说文解字》曰："青，东方色也。"本义
是蓝色，如《荀子·劝学》曰："青，取之于蓝，而青于蓝。"《释
名·释采帛》云："青，生也。象物生时色也。"也就是说，青有绿色
成分。赤色，"赤"本义是"火的颜色"，即红色。白色，甲骨文字
形，像日光上下射之形，太阳之明为白。玄色，介乎青黑之间。这似乎
说明史前人的色彩基础原型在"玄黄"二色，这点亦可从文化大传统时
期的玉石信仰中获得解读。各处遗址出土的玉器，接近"玄"和"黄"
二色，呼应天地，表现对天地的敬畏。（图8-3）

从史前红山文化遗址中可见，出土玉料偏青色和浅黄色，玉璧多为
素色，采用辽宁岫岩县细玉沟透闪石类，玉的颜色有苍绿、青绿、青
黄、黄色，也有玲珑剔透的碧玉和纯白色玉。史前红山人将玉石的颜色
对应天空的色彩和土地及一切敬畏之物的色彩，圆璧和"C"字形龙为
主要特征。良渚文化的玉石呈黄绿色和黄褐色，为较软的透闪石和阳起
石，经过钙化等形成现在人们常说的"鸡骨白"。良渚文化出土最多的
为玉琮，琮的形态和选用的玉石之色，形成玉琮特有的对天地的应承。
透过玉石所代表的文化原型，"其血玄黄"的色彩隐喻，表达出"言不
尽意""立象以尽意"的华夏造物特征。史前玉石被赋予了超越本体的

图8-3 《周礼》"六玉"

象征能量，史前造物又往往在后世经历各种变迁。福建土楼的独特形态，不仅以圆璧为原型，其顶覆和屋身的色彩关系也恰巧契合着"玄黄"二元。上海博物馆的建筑外方内圆，从其外观平面可以窥见玉琮之原型，其材料色彩外黄而内玄，同时又是镇馆之宝"大克鼎"的象征。鼎者，国之重器，上海博物馆的形态可谓城市重器。（图8-4）

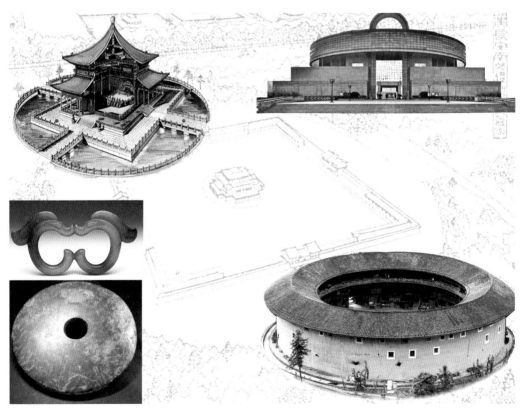

图8-4 圆之璧龙和建筑

二、玄黄二元投射的"德之性"

　　玄黄代表最原始的两色，表明宇宙万物统括在天地玄黄变易之中。《说文解字》曰："玄，幽远也。黑而有赤色者为玄。""黄，天地之色也。从田从芡，芡亦声。芡，古文光。凡黄之属皆从黄。"《周易》曰："夫玄黄者，天地之杂也。天玄而地黄。""黄"与"黄帝""玉璜"是否存在联系？"黄帝"是华夏先祖，《风俗通义》中记载黄帝、颛顼、帝喾、帝尧、帝舜是五帝。《论衡·验符》："黄为土色，位在中央。"在比拟接近玄黄的物质象征中，玉石提供了相类比的气质。正如格尔茨所言，"一个群体的气质被认为是合理的，因为它代表了一种生活方式，其在观念上适应了世界观所描述的事物的实际情况，而世界观具有情感上的说服力，因为它被看成是事情的实际情况的意象，它特别安排为适合这样一种生活方式"①。玉石激发人们对天地崇拜的心理转化，为人们提供客观的道德和美学依据。在现实世界，人们获得一种自然物力的权威来描绘特殊而复杂的心理符号，"将人的行为协调进想象中的宇宙秩序并将宇宙秩序的意象投射进人类经验的层面"②。

　　史前大传统时期，自然世界有六种对象：天、地、水、云、气、山。唯一能够通用的物质只有"玉"，玉被认为是天、地、水、云、气、山之精凝聚所共生。孔子将玉升格为具有人性，源自史初的天地概念，古人将最接近天地材质的纯粹玉石作为天地的象征，孔子说："水之精为玉。"儒家正是领悟到这点而以玉比德，《礼记·聘义》中，孔

---

① 克利福德·格尔茨. 文化的解释[M]. 韩莉，译. 南京：译林出版社，2008：95.

② 克利福德·格尔茨. 文化的解释[M]. 韩莉，译. 南京：译林出版社，2008：96.

子提出玉有十一德：仁、知、义、礼、信、天、地、道、德、忠、乐。儒家以玉喻德的理由源自何处？为什么独玉石可代替为道德规范的大全？正如文化人类学者叶舒宪所言："在文本记录的神话叙事之外，还存在着一个先于文字和文本的本土神话世界和文化传统，并借用和改造现成的人类学术语'大传统'，来有效指称那个过去我们根本不知道的深厚文化传统。"[1]而代表"大传统"文化的视觉符号就是那些被指认为神圣的天地之精——玉石，玉石被人们投射进神圣的想象中，置换为精神和信仰的影像。后世建筑等级、礼器秩序中的原型正在此中，玉承载中华民族特有的抚正抑斜之深层含义。万物都有源头，信仰源头的确立为文化形态的畅通奠定了基石。"信仰是灵魂的一种独特力量即'接近神'的力量，这种力量把人和上帝联结起来"，"信仰同时又是一种取得知识的独立能力，即人之精神中的一种神秘的先验因素"，"'信仰'还是我们心中的'强劲的创造力量'与最有力的感情"[2]。正是因为玉石联结了"神"，从而使人们找到"圣化"原型，获得"神秘""得救""威严"等超理性的存在建构。孔子从没有把自己描述为独创的思想家，而是述先王之道，这是孔子的智慧，也可以说孔子以玉比拟人格的思想源自上古信仰。儒家思想透过史前大传统传承华夏伦理之道，非空穴来风。"仁"的概念体现在玉温润光泽中；"知"以玉的致密坚实感知；玉的郏角方正而不伤人就是"义"；"礼"则在行为中体现，玉的沉重欲坠伴随礼而生；"乐"在玉敲击后发出的清越悠扬、戛然而止之声中；玉的瑕不掩瑜是"忠"；玉的五彩斑斓表达"信"；白玉气质如白虹贯日，象征"天"；玉的精神体现在山川中，象征"地"；玉制

① 叶舒宪. 大传统理论的文化治疗意义初探[J]. 中国比较文学，2015（4）：101.
② 鲁道夫·奥托. 论"神圣"[M]. 成穷，周邦宪，译. 成都：四川人民出版社，2003：124-125.

的圭璋等礼器用于礼仪就是"德"；遵从上述玉的思维就是"道"。孔子的智慧使玉直接成为国家庙堂和人体的直觉道德的内容，玉的佩戴掌控都被纳入道德规范，成为儒家思想核心。《管子》说玉有九德："温润以泽，仁也；邻以理者，知也；坚而不蹙，义也；廉而不刿，行也；鲜而不垢，洁也；折而不挠，勇也；瑕适皆见，精也。茂华光泽，并通而不相陵，容也；叩之，其音清抟彻远，纯而不杀，辞也。"许慎《说文解字》称："玉，石之美。有五德：润泽以温，仁之方也；䚡理自外，可以知中，义之方也；其声舒扬，专以远闻，智之方也；不挠而折，勇之方也；锐廉而不技，洁之方也。"玉的"德"看来不是空穴来风，而是上古智慧的传承，是以物托物、以物言志、以物传情的"物力"表达。以玉为符节、印信，美玉做成的玉玺，成为天命、皇权与国家的象征。将玉制成礼器，敬天地、祀祖先、祭山川、贿鬼神，建立人们内心世界的安定和希望。后世华夏文化中玉不离身的佩玉习俗被视作人的道德守成，同时古代"如切如磋"的玉制工艺使人们认为这是意志培养的重点，所谓以玉为砺，"玉不琢，不成器"。以玉石形象捕捉住玄色和黄色，也就是以玉器表达对天地的恭敬之情。

考古挖掘揭示出五彩斑斓的文化大传统时代，神话天意与造物叙事之间存在着相互映射的伦理观念，透过五经之首的《周易》卦辞可以清晰看出，三皇五帝和夏商周以来"自强不息"而又遵循天道的道德萌芽，在"德礼"中经久不息地传递着华夏文明的源流本质，由此便可理解后世儒学对于"天命道德"原型的智慧改造和"凡俗伦理"观照下的"物质与图像"设计表征。远古时期，凡一物的设计均带有其"拟像造物"的特征，内在敬畏情感在直观的模拟自然万物中得以表达，因此天地的形态必当映射至设计之形。[①]

---

① 熊承霞. 玉琮的营造隐喻：从营"方台"到筑"圆丘"[J]. 河北学刊，2016，36（6）：195.

三、物像的原型观照

有色就有光，人类由黑暗的混沌世界走出来，真正进入一个有光的世界。在早期建筑史中，建筑的主要目的往往在于探索宇宙空间和时间之谜。光在墙面的跃动以及它反射出的色彩，都进一步引发了身体微妙的触觉意识。身体沐浴在由建筑和光塑造的"宇宙的战场"中，感受心灵深处的宁静。玄黄相混本就是浑浊之色，寓意混沌天地之色，当混沌之色逐渐被光所过滤，光照在土壤和云彩上而呈现出青和黄，色彩的变化代表了"玄"遇见光而万物生辉的过程。宇宙中的天体，包括地球在内，其初始状态都是炽热的物质。地球就将其温度凝聚在地核的岩浆之内，并借助太阳不断地补充。

华夏中国夏商周三代都围绕黄河流域立国，这就是李零先生说的北纬35度王都线，这条线上由于河水的颜色是黄的，泥土的颜色是黄的，农作物黍、稷也是黄的，故言地黄[1]。《周礼·冬官考工记》曰："东方谓之青，南方谓之赤，西方谓之白，北方谓之黑，天谓之玄，地谓之黄。"中国的文化基因是炎黄文化，黄帝、土地黄、肤色黄、黍谷黄、稷黄、木黄、黄河水黄，面对重叠的黄色世界，自然给予史前人丰富的造物联想。

华夏先民将玄色的浑浊与黄色的明艳高贵作为神圣的对比，无彩色与有彩色的搭配内蕴皇权和天道。苍璧象征天，而天子（皇帝）替天代言，寓意权力由天神下放到凡界，以土地拥有的多寡表示国力的大小，加之华夏中原文明在较长的时间内以黄色作为国家主色，由此玄黄寓意尊卑道德。中国早期的文献对玄黄色有各种记载，早先多见于金文和

---

[1] 刘宗平. 释天地玄黄[J]. 科学文化评论，2015，12（3）：98.

《诗经》，西周晚期伯公父簠铭文和弭仲簠铭文分别有"亦玄亦黄"和"其玄其黄"，是用来形容新铸青铜器的金属光泽的。（图8-5）

人类对各种颜色的掌握，只能透过一对"互补色"的彼此对比，而同时被指称出来。所谓"不知黑，焉知白乎"即是其理。

《左传·庄公二十一年》曰："二十一年春，胥命于弭。"《诗经·豳风·七月》曰："载玄载黄，我朱孔阳，为公子裳。""载玄载黄"是指丝麻织物被染成鲜红色后光辉夺目，玄黄即"炫煌"。《诗经·周南·卷耳》"陟彼高冈，我马玄黄"中的玄黄，作"马疲劳后眼花缭乱，看周围景物诸色错杂"之意。中国有成语"青黄不接"，寓意庄稼未熟，陈粮却已吃完。青黄又是天地混杂的颜色，天青如玉，地黄如土。"玄"在颜色上指的是深蓝近于黑的颜色，在意义上指高远、高深莫测。人们肉眼常见的天是蓝色，是因为雾霭云气和光的衍射现象，赤、橙、黄、绿、蓝、靛、紫七色光中，红色波长最长、振幅最大，其后光波依次减弱，紫色光波最短，很容易被空气中的微粒散射，因此晴朗的天空之色为蓝，其他时间为"苍"或"玄"。《周礼》六玉"以苍璧礼天"就是以最接近天的颜色的玉石表达"祀禳"之意。

图8-5 伯公父簠铭文

人类早期的"神秘自然观"产生了"原始意味的宗教信仰，超自然能力的主宰，以及与其沟通的强烈需要，导致了原始的人类用一种超自然的精神实体的物质形式象征来进行他们的活动"①。最后在神秘的宗教气氛和巫术以及图腾等要求下而产生一种"近取诸身，远取诸物"的造物比附和道德。

古代人还用阴阳五行说来解释春夏秋冬四季的循环往复：青春、朱夏、素秋（秋为"白"，又因秋属"五音"之中的"商"，故名素商）、玄冬。传统二十四节气中最重要的节气是"二分"和"二至"——春分、秋分，夏至、冬至。太极两仪中最具辩证的是阴阳，当阴阳不调之时，也可谓春分、秋分之时，气候变化为"雷电相加"。《周易·说卦》曰："震为雷，为龙，为玄黄。""龙战于野，其血玄黄"者谓龙斗于野，其色晃晃像日光。世俗之人，见雷电发时，有光宛转如腾蛇，因谓之为龙。很显然，史前人重视生命"类同"的交互作用，认为节气道德与人的道德是相生的，"战"也就有交融之意。

四、原型与德性的伦理释放

上下四方叫宇，往古来今叫宙。"宇宙"表示天地之间的空间形状和天地之间所发生的历史事件。"宇宙"均为宝盖顶，意为以地之四方承托天宇穹窿。当天地和谐不足或者上下偏移时，则预示阳气重于阴气；反之，地不能胜任托举，顶覆压逼地气，则产生云气交替的互动。也就构成"龙战于野之兆"。自然天地之间的色彩产生变化，有时"玄"（清冽），有时"黄"（浑浊）。荀爽称："天者阳，始于东

---

① 张大鲁. 天地玄黄 宇宙洪荒——对设计起源问题中原始宗教现象的理解[J]. 苏州大学学报（工科版），2002，22（6）：29.

北，故色玄也。地者阴，始于西南，故色黄也。”这是根据太阳升起和降落做的解释。玄黄相迎意味着光色的变幻，正常的一天“玄黄”更替，而非正常状态的恶劣天气则是昏天黑地，也就如同“龙战于野”。因农耕文化对气候的依赖，先民极为重视对天象的观察，天时地利的和谐运转是幸福生存的保障，因此作《易经》概述天地之变易规律。

众所周知，在世界神话体系中流传着各自的洪水神话。孕育人类文明离不开大江大河，如两河流域的巴比伦文化、尼罗河的古埃及文化、恒河的古印度文明、长江与黄河的华夏文明。长江、黄河分割出华夏的气候种属自然带，其水色与土色恰好玄黄互补，内蕴的气势依月令和季节而不同，各大支流又呈现众多奇异之象。中国的文化总是这般由自然演化到社会交往，也许我们可以大胆进行超越的想象。在古人世界，土地和水都处于相对安静中，所以属“阴”，只有太阳的升降、云气的流动属于“阳”，而太阳升降、季节冷暖交替直接作用于地理气候中。古人认知的地面形状为“四方”，四方的进一步几何变化就是旋转、对角线和中轴线。引申到视觉上则是“均等秩序”，方形的造物似乎更加利于把握形状和控制技术，长期的方形秩序造物则很容易创造出华夏先民独特的“伦理”思想。这就为地理方位中隐喻的尊卑、山水、色彩的德性提供联系，继续推演华夏两大神话原型“昆仑神话—山系—西北—日落月出”与“蓬莱神话—水系—东南—日出月落”，则可知其中的空间秩序循环思维，史前文化大传统思维意识中，这个循环表达“和德之序”。自然万物和人类遵循山水、日月和阴阳太极的宇宙运动，得其力量传承生命。《黄帝内经·素问·阴阳应象大论》曰：“阴阳者，天地之道也，万物之纲纪，变化之父母，生杀之本始，神明之府也。治病必求于本。”这“阴阳”“纲纪”等二元世界组合早已经说明华夏文化始终唯一的社会德性，国家、个体的发展皆天地自然之法象。由此出发，“龙战于野，其血玄黄”说明的是天地阴阳、善恶和谐的原道规律。

《周易》中有“龙战于野，其道穷也”。《说文解字》曰：“野，郊外也。”甲骨文中的“野”由土地和树木组成，也就是自然界的主体组合。树木的外皮大多为"玄色",而内芯却是"黄色"。由树木组成的森林在春天为青绿,到了秋天则变化为黄赤,这是玄黄的自然更替,自然界类似的色彩更替比比皆是。《淮南子·天文训》曰:"日夏至则斗南中绳,阳气极,阴气萌,故曰夏至为刑。……阳气极,则南至南极,上至朱天,故不可以夷丘上屋。万物蕃息,五谷兆长,故曰德在野。"夏至时阳气臻于极盛,其所谓之"野"。因此"龙战于野",也隐喻着顺承万物的规律,遵循阴阳变易对物力的影响。

"天和地"相对"云和气"较为稳定,而一些处于秩序循环中的物质,尤其是自然物质生长更替的不均衡则让史前人产生不安,寻找均衡或超越自然的人力也就成为史前人的重要愿望。这里我们不妨大胆假设,在月亮和太阳的移动秩序间,史前人将模拟两者的形态代表自身的超越。以什么材料模拟呢?自然是恒定的物质,如玉石。玉石的色彩、种类繁多,材质稳定而且有不同的强弱、密度,因此玉石被制成玉璧拟天,制成玉璜拟月,而山脉则以玉圭形模拟,其后流水和云彩等较为圆曲多变的物像则被制作成龙和凤等各种形态,象征着物质超越。因此"龙战于野,其血玄黄"则可以联想为在天地之间被象征性的"龙",也就是"云气水"所上下勾连,由此带给万物以生命阴阳和气象通脉。这里玄黄既可指天地两色,又可理解为气韵,以及阳光照耀在黄河和黄土地上而反射出的色光,同样在阴霾天气,空气的色彩也就是"玄之又玄"了。史前人的智慧的确与现代人不同,但是以物拟物的本领也许强过现代人,这也就是史前洞穴壁画的逼真程度能够令现代人震撼的原因了。

在史前华夏人构建的宇宙天地对应关系中,不得不让人思考一个问题,也是经久不衰的话题:何以几大人类文明独华夏文明延续至今?这关键在于社会庙堂社稷和凡俗生活都沿着一条主要轨迹行进,这是一条整体社会都共同认知的道德辩证规律。人之初,性本善,因人有四端之识,但人在后天的物质世界中,欲望会改"善"为"恶",人必须在约束中传递至真至善,最终达到"己所不欲,勿施于人"的社会理想,从而"天行健，君子以自强不息"。华夏文明得以延续的重点在于智慧的转化系统：以玉石联结天地神圣，从而得到超越的存在价值；将玉石原型渗透在凡俗物质形态中，以视觉形态传递超人格的伦理；伦理透过日常生活扩散上升为精神本体，"为学、修身、齐家、治国、平天下"成为常态的人生理想，通过营造空间叙事及陈设勾连人的行动及思维，产生由中国文化原型所构建出的凡俗生活之礼（仪式化）、伦理化的营造叙事系统。"龙战于野，其血玄黄"，简单的八个字，其中所蕴含的却是华夏文化原型的神秘系统，囊括宇宙天地、云气风水、色彩规律。因此有必要研究古代文献对现代产生激励影响的道理，在不拘泥于膜拜的前提之下，解读古代智慧，升华制造新的"参天地"，在参透文化大传统时期的物像原型中为弘扬传统文化探索价值。

第九章
玉承之礼作为德性空间的维度

单就文字记载来说，玉作为礼德符号的历史可以上溯至西周或更早的商代。在文化大传统时期的先民思想中，天地之间遵循着一种共通的宇宙观，天地作为人生存的空间体系，对人具有道德指向。正如李学勤所言："天人关系的问题上，他们有着这样几个共同的特点：

（一）天即自然，是一个大系统，人则是一个小系统，是大系统的一部分。

（二）天、人两个系统是相类似的，有彼此对应的许多性质。

（三）天、人两个系统应该和谐一致，人必须遵行天道。

（四）人又是天这个大系统的核心，天的目的趋向要通过人才能完全体现。这就是很多学者艳称的天人合一概念的基本内容。"①

正因为天地之间的系统关联，人们便"观象制器""制器尚象"，目的是与天体宇宙达成统一，使之共同循环。从"观象"到"取象"和"尚象"，是人认识客观世界的第一步，即人的感性认识。现代仿生学也是效法自然之象，属于观象的一种。取象是人们抽离表体万象而类比、推理、归纳客观得出万物的共性符号，是"方以类聚，物以群分"的理性总结，从而构成共通的普遍的指代意义。但我们今天理解先民造物的思维还必须关注其终极的道德指向，这个指向使得造物的呈现首先会考虑到天地和谐，也即遵循天道，包括环境、技术、人文等背景。

理解天道，首先要理解四时空间秩序，完整的四时方位空间认知记载在《尚书·尧典》中，《尧典》记载尧派大臣"羲和、羲仲、羲叔、和仲、和叔"分别对日月星辰和东西南北进行观察，制定历法，以掌握四时的循环秩序。

《尚书·尧典》中说："乃命羲和，钦若昊天，历象日月星辰，敬授人时。分命羲仲，宅嵎夷，曰旸谷。寅宾出日，平秩东作。日中，星

---

① 李学勤. 古代中国文明中的宇宙论与科学发展[J]. 烟台大学学报（哲学社会科学版），1998（1）：82.

鸟，以殷仲春。厥民析，鸟兽孳尾。申命羲叔，宅南交。平秩南讹，敬致。日永，星火，以正仲夏。厥民因，鸟兽希革。分命和仲，宅西，曰昧谷。寅饯纳日，平秩西成。宵中，星虚，以殷仲秋。厥民夷，鸟兽毛毨。申命和叔，宅朔方，曰幽都。平在朔易。日短，星昴，以正仲冬。厥民隩，鸟兽氄毛。帝曰：咨！汝羲暨和。期三百有六旬有六日，以闰月定四时成岁。允厘百工，庶绩咸熙。"

1941年，研究甲骨文的胡厚宣先生考证了更为远古的宇宙四时的认知，《甲骨文四方风名考证》证明甲骨文中有与《尧典》相对应的四时、四风的名称，尊重天、地、人三才的宇宙观应该早在商代便已经规法应用。

商人强调祭祀便是其"万物有灵论"的信仰特征，商人意识到宇宙自然事物之间的超自然力量，人无法征服但可通过行为与祭物来化解。用特殊的通灵的材料制作成特别的形状对应祭祀，日常的生活器物也同样如此。因此远古之时应该已经建立了一套对于宇宙万物的祭祀"类比"转换系统，以天、地、人三才为纵轴联系，以四方、四风、四时为横轴联系，确立玉为神为王的交流信物关系，以玉做成"天地人"及"四时四方四风"的形态法器，以此构成统一的官方信仰象征语言，以具象的法器控制意象空间，以祭祀身体语言联系抽象的德性。整体的以礼玉为主导的官方道德体系便走向成熟，民间虽未能完全与官方同步，但也受到一定影响并有所传承，反映在文学艺术以及"君子的原型"维度中。

《周礼》规范礼的范围，涉及国家象征、祭祀仪式、礼仪名物、敬畏行为等国家的秩序和宗族内外联系的体系。孔子"述而不作"，《论语》曰："周监于二代，郁郁乎文哉！吾从周。"在春秋礼崩乐坏的时代，孔子坚定地"从周"，复古周礼，也为《周礼》迎来时代的检验，取其精华，去除封建，在历史演化中，礼乐文化贯通华夏文明。传统先秦儒家思想以"为学修身"作为人的生存基础之道，以"自省"践行为日常群体的沟通，并将思想与凡俗生活融通，高深睿智的"道理"与美德故事形象化解到物态设计品位中，人们既可以口口相传美德、规约乡俗，亦可以在形象化的物态中感觉到伦理范式，其核心便是规范了美学式生存理想。

一、《周礼》中的礼器文化隐喻

关于礼学的文献的分类，一般是按照古籍类型划分。由于中国人文肇始较早，因此礼的文献多集中表现为礼的对象、物像、法器的形式和数量，而对于礼的物质表征尚需剖析其体系的文化隐喻。《周礼》《仪礼》《礼记》等是研究礼的重要文献。

王国维、郭沫若都认为"礼"就"象二玉在器之形"，因此"礼"最早是指礼器。礼及礼器作为行为往往需要在一定的空间场域中执行，"集乎礼神之囿，登乎颂祗之堂"（《昭明文选·甘泉赋》）。同时礼的祭祀对象也对应在器的外形象征上，使人产生类同的心理联系，仅以圭为例便规定行礼人的身份对应器的尺度，"玉人之事，镇圭尺有二寸，天子守之；命圭九寸，谓之桓圭，公守之；命圭七寸，谓之信圭，侯守之；命圭七寸，谓之躬圭，伯守之。天子执冒四寸，以朝诸侯"。除此之外，同样的圭，在礼敬日月宗庙时大多有对应的象征呼应，"天子圭中必，四圭尺有二寸，以祀天；……土圭尺有五寸，以致日、以土地；祼圭尺有二寸，有瓒，以祀庙；……圭璧五寸，以祀日月星辰"。张光直先生认为："识别那些教科书中描述的考古发掘现场遗迹见到的古代文明并非难事，它们一般通过有形的遗物、文字记载及壮观的艺术格调来表现巨大的财富和精神的奥妙。"[①]

这"有形的礼器"中独数空间营造最能够衬托礼的维度。首先，营

---

① 张光直，明歌. 宗教祭祀与王权[J]. 华夏考古，1996（3）：103.

造聚落或城池能够照顾到"四方"空间及天、地、人三才空间；其次，营造更能够将人引到直接的盖天与地覆的时空之间，便于人们建构一个社会的时间节律和空间模式，规定了人们的时间观和空间观。在营造中，人类获得精神空间赖以存在的宇宙空间的转换，从而理解天文、地理、人道各自的位置和特定的意义，宇宙广域的空间更加可以成为精神的深邃和道德的言说表述。（图9-1、图9-2）

关于《周礼》成书的年代，众说纷纭。从文献的体例和用意可以看出，文献所反映出的是国家秩序，象征国家形象。在社会与国家处在分崩离析、民族向心力凋敝的时候，更需要用一种统一的秩序，规范社会生态。因此，《周礼》有可能成书于春秋战国诸侯争霸时期，以对周朝大国秩序的追忆反思当时社会的民心理想。《孝经》云："昔者，周公郊祀后稷以配天，宗祀文王于明堂，以配上帝。是以四海之内，各以其职来祭。"周公构建的礼乐之德的影响，可谓和恒万邦。这里"郊祀"对应天德，皇亲宗天之子之祀特建"明堂"为之。从设计学视野来看，《周礼》中提出了祭祀天地、上帝所需的物质标准造型，其种类囊括空间比例及各种礼仪所需的器物造型。

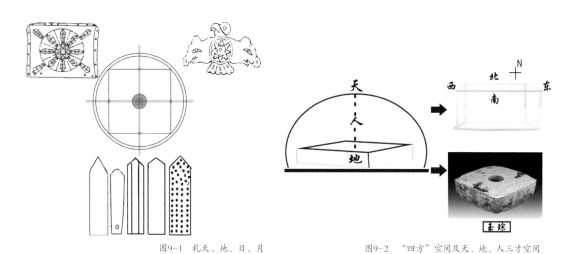

图9-1 礼天、地、日、月　　　　图9-2 "四方"空间及天、地、人三才空间

　　认知空间之礼，需要从"庙堂、明堂"开始。《公羊传·隐公二年》何休注云："夏后氏逆于庭，殷人逆于堂，周人逆于户。"从"庙庭"（朝堂）到"堂"再到"户"，展示了建筑形态的连续递进。《孟子·梁惠王下》曰："齐宣王问曰：'人皆谓我毁明堂，毁诸？已乎？'孟子对曰：'夫明堂者，王者之堂也。王欲行王政，则勿毁之矣。'"由国家议事的朝堂转向专门的建筑形式"明堂"，而"户"多与门户有关，本义指"单扇门"，可见礼所经历的变迁，从庙堂之上转移到人人都可执行、可见的小门小户中，充分证明礼在周代普及为社会百姓生活相随的必需。说明对于"礼"实施场所的外观需求呈现出对建筑形态的呼应，以结构性布局形成祭祀建筑形制。在古代中国还有一种特殊的祭祀建筑被传承下来——孔庙。和一般的民间宗教信仰建筑不同，孔庙成为中国的"万世师表"的象征，在唐初其建筑形制逐步定型，以"国家大祭"张扬权力与信仰的交互渗透，成为传延在中国大地上的祭祀制度，表体为彰厚的浩荡皇恩，实际却是国家治教和理国的象征。（图9-3）

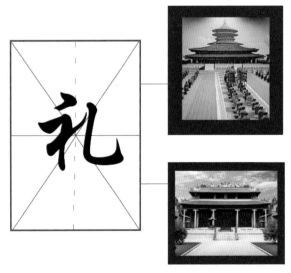

图9-3　庙堂、明堂之礼

随着建筑礼制而生发的是人的行为，以及为行为提供个体象征物的"特殊名物"——玉。《周礼》保存和记录了大量的名物类词语，成为一部研究名物词的重要典籍。由于玉的广泛使用和玉石来源的问题，对玉的研究多集中在其珍贵的石料或玉石文化研究上，而对应其德性空间及建筑转化的研究较少。北京故宫的建筑是最为成熟的玉礼制建筑，其首先落脚点是用玉，所谓"以玉比德"在建筑上的呈现，以北京郊区房山所产的高等级大理石为主要石材，"艾叶青"接近特级大理石汉白玉的特征，现存的北京清代建筑多以此材作为建筑的基座或台阶。红墙黄瓦绿琉璃的宫廷建筑在"艾叶青"的衬托之下，更加彰显国家道德的威仪。

二、抽象与具象的德性互证

考古发现表明，华夏先民正是凭借雕琢玉器、玉礼器来实现通神、通天的神话梦想，并构建出一套完整的玉的宗教和玉的礼仪传统。《周礼》对不同身份的用玉进行了规定："天子用全，上公用龙，侯用瓒，伯用将，继子男执皮帛。"玉的质地纯粹与否，取决于玉与石的比例关系如何。纯色玉既有温润坚密、莹透纯净、洁白无瑕、如同凝脂的羊脂白玉，也有"夏后氏尚黑"的黑油乌亮的墨玉，因此纯色玉的颜色，不只白色一种，而是根据朝代信仰及玉石来源而定。考古记载，在殷商时期，昆仑山的优质玉已经进入中原，其地产出的玉代表天神所赐。华夏先民有"玄黄赤白"之说，《周易》谓"龙战于野，其血玄黄"，《千字文》开篇中的"天地玄黄"隐喻代表天之色、天之象征的"玄"以及接近"玄"的物质。"玄"字有多重含义，在"玄"变化的数个阶段，从最初的"墨黑"到"天青""鱼白"，最后到"黄"，不含杂色的黄被古人认为是"吉"色之兆。产量极少的墨玉和黄玉都十分珍贵，明代高濂在《遵生八笺》中就说："玉以甘黄为上，羊脂次之。以黄为中色，且不易得，以白为偏色，时亦有之故耳。"这无疑从一个侧面显示出上等黄玉出产较少，身价在羊脂白玉之上。

文化大传统时代对玉质和身份的认定，是由其从天和地之间的光色转承中产生的色彩象征寓意。白玉的信仰伴随中国文化的追求而变迁，2500多年前的圣人孔子则以"君子比德于玉"，将人的美好品德与玉的温润光洁内质联系在一起，以对玉的敬重与仰慕象征美好的人品和道德。如"一片冰心在玉壶"，又如《红楼梦》中的"阆苑仙葩"和"美玉无瑕"。由此，玉在中国体现精神与信仰的发展，其用途也从国家"礼器"发展到道德"装饰"，具有通天、通神及辟邪驱鬼等多重隐喻。

故宫不仅建筑用玉，其空间内部陈设也用玉，大型的《大禹治水图》玉山更是将创世神话大禹治水的精神雕琢在一座玉山上，作为大禹之德的实物，以传延其"润泽以温，仁之方也"的精神。

《大禹治水图》玉山还可以看成是中国工匠精神与国家道德体系的合成。选材、运输、雕琢的整个过程，从昆仑山采玉开始，运到江苏扬州进行雕琢制作，再运回紫禁城。十余年间数百人成就一件天下独尊的大器，单凭运输就是国家的浩大工程，在没有现代运输工具的古代，实在是倾国之力方得完成。玉料从新疆和田密勒塔山（昆仑山西段喀什地区叶城县）被完整地运到北京就花了至少3年时间。据清代一首名为《瓮玉行》的诗描述，运输一块大玉料，需要使用轴长11米的特大专车，前面用一百多匹马拉车，后面有上千名役夫扶把推运，遇到冬天则泼水结成冰道在上拽运，每天只能走七八里地（4千米左右）。这样大的玉料，从和田运到北京需4000多公里的路程，路途的艰辛可想而知。玉料被送到了内务府造办处，在乾隆皇帝的授意下，造办处的画工以宫廷内藏的《大禹治水图》为稿本，设计雕凿玉山的纹样，并画出正、背、左、右四面的图纸。随后，根据图纸制出蜡样，皇帝批示满意：按此图将玉料发往扬州雕制。就这样，玉料又开始了它的旅程。从北京到扬州有水路可走，不像在陆地上运输那样麻烦。到了扬州后，由于当地天气热，怕日久蜡样融化，所以又要申请制作一个木样。等一切准备工作完成后，才开始正式在玉料上专心雕刻。《大禹治水图》玉山历时6年雕刻而成，加上设计历时8年，才终于尘埃落定，包括玉料开采、运到北京及扬州的时间共11年。为大禹而雕刻制作的意义，也远远不是表面的艺术行为，而是为了华夏民族的精神，以国家力量表现国礼，以工匠雕琢表达这个民族的朴素精神，以雕塑永远地传扬和保存国脉。这些物品的外观形态展现出精益求精的工匠精神，因此在玉制成的各种器物之外，体现隐喻精神层面是其主要目的。（图9-4、图9-5）

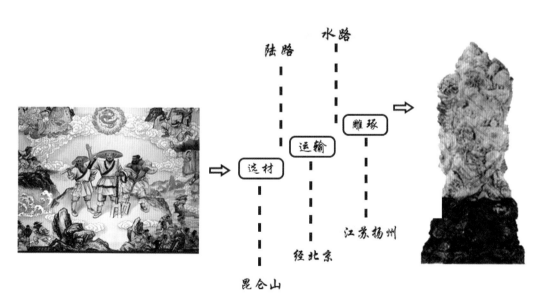

图9-4　《大禹治水图》玉山玉料搬运图

　　故宫可谓以建筑表征礼的集大成者，汉白玉基座之上是赤黄，汉白玉之下是玄土黄泉，构成玄白赤黄的垂直天地轴线，对应天、地、人三才宇宙空间关系，使得整体营造反映宇宙天地间的秩序和谐，智慧地透过建筑空间将神—人—鬼串联在色彩组成的时间与空间之中，以色彩的象征呼应宇宙空间秩序，维持时间与空间的秩序循环。（图9-6）

图9-5　《大禹治水图》玉山局部

图9-6　故宫对应的玄白赤黄象征体系

三、《周礼》中的物礼制度

《周礼》同时规定了在不同祭祀时的用玉制度，玉成为与人身体并置时的重要精神守护之物。《周礼·天官冢宰》曰："祀五帝，则掌百官之誓戒，与其具修。前期十日，帅执事而卜日，遂戒。及执事，眡涤濯；及纳亨，赞王牲事；及祀之日，赞玉币爵之事。祀大神示，亦如之。享先王，亦如之。赞玉几、玉爵。大朝觐会同，赞玉币、玉献、玉几、玉爵。大丧，赞赠玉、含玉。"《周礼·天官冢宰》记录了祭祀日的用玉情况，供奉大神用玉几、玉爵，朝会时用玉币、玉献、玉几、玉爵，人死后用含玉的方式获得人体完整性，以确保得到转世轮回的机遇。人类学家泰勒认为，这是人类对"理解他们的经验"及生活于其间的世界的一种努力。围绕生命的确立帮助人建立长久而强有力的、普遍的程序，通过外在的物质（玉器）象征保持人的精神恒定和生命的稳定。从《周礼》用玉制度规范中可以看出其围绕的几个大的问题：

①象征问题（整体性象征天地、家国、身体）；

②象征物的形态（物质的形状、颜色、特质）；

③传达道德的行为及规范标准。

《周礼·春官宗伯》规范玉邦国时，"以玉作六瑞，以等邦国：王执镇圭，公执桓圭，侯执信圭，伯执躬圭，子执谷璧，男执蒲璧"。由上可见，玉的形状有各种表现。

玉礼器如同"委任状"，成为当时的礼仪制度，物礼规定的制度成为历史各个时期的标准，但经过了改良与象征的转换。事实上，春秋礼崩乐坏的标准，正是参照《周礼》。"春秋五霸"尤其是齐桓公的霸业，从一方面来看是开启了对"周礼"的背离和毁坏的潮流，而从另一方面来看它又何尝不是对"周礼"的维护和发扬光大呢？或许可以说，齐桓公的霸业是以"回光返照的方式"展现和延续了"周礼"的生命。①孔子对这一时期进行了清晰的梳理，借管仲表述对《周礼》的历史定位和历史评价，"管氏而知礼，孰不知礼"，"桓公九合诸侯，不以兵车，管仲之力也。如其仁！如其仁！"（《论语》）上述的两面性正是"周礼"的背离和新的生命机遇，"周礼"迎来思辨、论证和话语传播的新机遇。正如徐复观所言："通过《左传》《国语》来看春秋二百四十二年的历史，不难发现在此一时代中，有个共同的理念，不仅范围了人生，而且也范围了宇宙；这即是礼。如前所述，礼在《诗经》时代，已转化为人文的征表。则春秋是礼的世纪，也即是人文的世纪，这是继承《诗经》时代宗教坠落以后的必然地发展。"②陈来也对"礼"与"仪"的政治化与原则化思想转向进行了论述，他说："春秋时代，人对礼的关注从形式性转到合理性，形式性的仪典体系仍然要保存，但贤大夫们更为关心的是礼作为合理性原则的实践体现。贤大夫们都视礼的政治、行政的意义过于礼的礼宾、仪式意义，这使得礼文化的重点由'礼乐'而向'礼政'转变。而这一切，都是在春秋后期的政治衰朽、危机中所产生的。"③

孔子的智慧是透析"礼"与"乐"的民本与人本的双性同一，以民本表述人的终极目标与存在意义。孔子深入、持久、系统地提升《周礼》为合理的社会理想，从"不学礼，无以立"到"八目"正名，人生存的整体意义与家国变成密不可分的体系，而在体系的执行过程中强调"器以载道"的智慧，为社会各行各界都寻找到既可"顶天立地"又可"安身立命"的美学式生存理想。儒家思想认为，人的生活与礼仪化贯

① 宋宽锋."周礼"的哲学解释与德政的主体奠基——孔子政治哲学新探[J]. 陕西师范大学学报（哲学社会科学版），2018，47（2）：114.
② 徐复观. 中国人性论史：先秦篇[M]. 上海：上海三联书店，2002：40-41.
③ 陈来. 古代思想文化的世界：春秋时代的宗教、伦理与社会思想[M]. 北京：生活·读书·新知三联书店，2002：15.

通，也就是凡俗生活中处处存在"礼"，而表达礼的最好形式是生活仪礼的普遍化。人性中的"仁"是人人拥有的，"人人皆可尧舜"，所以应持续性地坚持礼对仁善的平衡，这种思想必然引导中国建筑的形态语义和伦理指向。

先秦时期在各国纷争之下，儒家倡导"六艺"的治世之道。以学艺为恒久的修身之道，为普天之传统中国人构建一条超越的任重并永无止境之道，六艺中的"礼、乐、御、射"，实际上伴随人的生存，并且是各类人群的生存，亦可说是社会现实各阶层的实际追求，这些追求的中心以"礼"为始。"在儒家看来，每个人的行为都可视为一种古老仪礼的重演。每一姿态，例如饮食，在养成适当形式以前，都需要经过大量的练习，只有通过社会认可的形式，人们才能建立起为自我修养所必需的交往。这样，人的成长可描述成一种礼仪化的过程。"①儒家思想认为，最重要的是构建一种体系化、理想化的民本设计思维，集合"创始精神、工匠伦理、社会正义、国家秩序"为一个完整的智慧体系。

四、礼在儒家思想中的表现

中国精神与西方的区别在于物质和精神的合一，与其他宗教此岸和彼岸不相管束、身和心的表现对象不同。人的重要行为在于自觉约束——孔子用美学化的人生理想实现人人自觉修为，从而实现传统中国人皆可掌握或突破自身的命运，实现贫民化的身份超越。面对不同价值领域，政治、宗教等拥有价值理性，不干扰主线的人生追求。

---

① 孔祥来，陈佩钰. 杜维明思想学术文选[M]. 上海：上海古籍出版社，2014：409.

　　中国文化的活水源头来自先秦的思想基础，在践行儒家思想的过程中融各家所长，逐渐成为中国社会的主流意识形态。董仲舒所提倡的"罢黜百家，独尊儒术"，不能不说是儒家思想施行中的普遍化伦理价值，从而能够进行孔子的"一以贯之"和"凡俗化"的权威传达。概因儒家思想关注人生存中最为根本的精神认同，求证人性为善的超越，塑造"以礼现仁"的生命形态，终极关切美学化的理想家国同构。杜维明认为，儒家的终极关切是要在复杂的人际关系、政治网络、有着权力色彩的凡俗世界中另外创造一套精神领域，来对现实世界作一全面的否定和批评，这是因为儒家认为，我们都是现实世界中的部分，因此必须设身处地、真切地投入社会。这可谓传统语言中的"替天行道"。除此之外，儒家思想拥有秩序化循序渐进深入社会各层面的系统，从"为学修身"始至"齐家、治国、平天下"，这无疑成为多元发展的线索，个体首先"为学修身"，学会掌控自我，实现"己所不欲，勿施于人"的艺术存在，树立"己欲立而立人，己欲达则达人"的伦理思想。而学有余者，则继续循着伦理轨迹圆满自足，带动宗族和地域的良性人格塑造，最后参与到国家治理中，这就是一个从个人教育转化到政治的"天人合一"之系统。而重要的是这个体系发展下的民间人伦日用常识性道理的视觉化传递，以礼仪诠释生活中的尊与耻，以可视化图景构建人格规范，以"六艺"之道教化"克己复礼"，以象征性的隐喻"符号"参与日常风俗指向的道德生成。人生活于世必定经历各类复杂的家庭和社会各方面的原初欲望，儒家思想实际就是为人格道德配置了超越性的理想目标。

　　传统中国人信仰良善并持续反思而成就坚毅与内敛的品性，与儒家的自觉修身为范有极大关联，人因为知善，而达至与对象为友的意识。儒家认为，一切人生道德的变化都是"法象"的作用，所谓"物生而后有象"。这"法象"如同范本或样式经视觉的常态化象征渗透，影响到空间规划和日用之器的设计形态，使得日用造型呈现圆满吉祥之景；在精神上与儒家思想保持一体，在物质上则以形态获取体验。当代社会仅仅依赖诵读儒学经典，引用《诗经》，恐怕不能再现出美、善、仁、智。其原因一是语境理解之间的"他指"距离；二是在没有法律标准指导下的仁和善，多半将成为局部自设的标准，这也是中国明儒一直争论纷纭的尊德性和行道统之间的逻辑意识。"仁义礼智信"的确能够在人性的理想上构建一个仰止的高度，但是将"仁义礼智信"转换与法互置时，易陷入虚伪空谈中，最后成为形式的存在。儒家的思想以《周礼》为基础而建立，强调"思"与"行"同在。自觉"明明德"，方可求证"人之初，性本善"。人有七情六欲，摒弃欲求而追求"内圣外王"，也许要回到上古尧舜时的国家和阶级的原始状态，否则也就演变成伪善或遮蔽"本善"。而尧舜时并无具体的文字记载，今人仅在先秦遗留的线索中推测上古先王之道，因此儒家为人们构建理想的人人可以实现的"八目"，这是屏蔽伪善或保持性善最持续的途径。因此儒家所有的学说或主张全都与实际生活关联，也就是践行在日常生存中，从建筑景观到建筑空间内的器物，只是这些凡俗生活须臾不可离的"物"与人没有距离，没有距离也就没有敬畏，因此儒家导入尊贵的"礼"与教化的"仪"，以此为凡俗生活制定出神圣的标准，也使日用物具不再平凡，更能够获得众人的理解与敬仰。

五、道德形象的现代空间实践

道德形象既包含物质空间器具的象征，又不可离开圣人之像，中国古代礼乐文明的推行与理解在于建成空间环境的转换，在穿堂过户间，礼的秩序与伦理视觉被人们感知和执行，加上社稷庙堂空间中刻意规范的人的行为，使礼乐文化的传播得以持续。当代世界，一些宗教空间仍旧以临场性表述信仰，形象传播较为整体。然而一些大型的交通购物综合体却在尝试着各种变异手法，试图以新奇而接近怪诞的形态迎接消费者。但是从整体视角考察，其却没有能够发展出适合的礼仪。以高铁为例，高铁为所经之处的城市开辟了直接通行的窗口，崔凯院士设计的苏州火车站让人随着高铁而阅读到城市的文化原型，传统的苏式遗传因子与现代构成圆融在一起，其产生的化学反应将苏州的风雅、细碎、缥缈、沧桑、斑驳，经由秩序化栗色的网格金属幕墙、重复化双层菱形网架、巨大的水平腾空体量显示出一种高层次的空间品质，城市原有的粉墙黛瓦、曲桥烟水、出檐灯笼等记忆和肌理被谨慎地置入城市交通入口的共同体中，成为合乎苏式的新移情城市美德符号。（图9-7）

　　苏州是幸福的城市，因为有建筑承托起城市的整体气质。古建筑大师梁思成曾论述城市设计的身份气质：在城市街心如能保存古老堂皇的楼宇、夹道的树荫、衙署的前庭、优美的牌坊，更合乎中国的身份！这

图9-7　苏州火车站

是营造设计中极其重要的创造场域的归属感。"一个尊重传统的民族是有根基的民族，它似参天大树般深深地扎在浑厚的大地里，自由地饱吸各个层面的养汁，必定越发兴盛。"①

一个尊重传统的民族是有根基的民族，在浑厚的历史思维创造的大地里，滋养并升华新的文化，必定为历史传承带去现实意义。但同时在对待传统记忆传承的种种现象时，人们也必须清醒地反思，如何拯救文明记忆场所，建构交流互鉴与命运共同体以及其视域内的内涵意义价值审美与后现代西方文明之连接纽带。在面对已经被持续呈现数千年的各种形态时，传承形态记忆显然肤浅，它的核心内容和体系建构在道德伦理观念之上。当代正运行着永远无法终结的信息技术，也就意味着人们不可能完全守护旧的形态，而必然要将传统的设计形态伴随其内核观念超越在现代设计实践中。

---

① 韩森. "共生"思想的启迪——与黑川纪章先生两次接触有感[J]. 中外建筑、2000（2）：27.

第十章
玉石营造观念在神话中的传播变迁

　　中国神话蕴含着华夏初民对宇宙空间的联想记忆和创造经验，其中既包含天地空间母型的神话、空间再生演变的神话，也有关于造物发明类的神话。它们的特点是最终都经过文化的符号象征而与实际的生活造物相结合，同时又反身以实际造物升华延续为文化原型的叙事。其中，玉与物态、文字、信仰等多维度象征符号共生，架构了华夏中国的文化原型。以玉为盟，华夏建筑空间模拟宇宙空间的正义秩序；以玉为信，华夏民族获得凡俗生存语境中的道德教化；以玉为媒，华夏中国建立起完整的审美体系。在文化大传统时期，早期的神话原型传播大多与建筑叙事有关，又都与玉有着联系：女娲补天神话中表现的天地空间与建筑中的四柱一间结构是相同的，但补天以五彩石为材料；鲧和禹治水神话中建筑围合与版筑夯土技术具有相互促进作用，水又以圭为祀；天梯建木神话中天地轴线与中国建筑围合布局的轴线相呼应，建木想象有可能成为璋的形态来源；后羿射日神话中同样包含空间秩序与空间正义的表述，或许玉璧与太阳有关；高元作室神话中对于单体建筑结构的组成是建筑体系的基础……建筑在整个文化原型表述中因对生存空间的映射使其成为精神、信仰、美学的实证，解读文化原型便不可能忽视建筑对空间、美学、伦理、信仰、隐喻的直观表述。

　　抽离文化"象征符号"的装饰或直觉，其结构却总是与空间及空间中的原型英雄联系在一起，在人类故事表现中，女娲、共工、大禹、盘古的神话形象，总是被安排在相互关联并序列化的宇宙空间结构模式中，它们更主观地反映文化原型基因上的联系。

　　长久以来，超级城市混杂新的移民族群，将全球利益推向极不稳定的状态，创始神话作为一种"跨语际"的多模态传播，成为为数不多的可能继续进行沟通和分享的人类财富。因此，阐释神话的意义不再是一个国家的事情，而是成为全人类文明共同体的意义。

本章试图追溯创始神话记载中的空间智慧，它们主要是生命的创生神话原型与宇宙空间（天、地、人）神话原型。

一、女娲补天与营造原型

女娲补天的传说，在《列子·汤问》《淮南子·览冥训》和《山海经》中均有记载。早期的女娲补天传说，与共工的故事并无交集，当时不但没有共工、祝融、不周山等关键字，对于天塌地陷、发生灾难的原因，也没有明确记载。可见在先秦时期，女娲炼石补天和共工怒触不周山是完全独立的两个故事，直到东汉时，王充才把共工与女娲补天衔接到一起。

"女娲"神话反复互蕴的是宇宙空间的原型借鉴，反映了人类建造空间的对象原型、材料改性、象征指涉的模式，回环往复式地展现对大母神的崇德心理原型，人们认为宇宙母神与个体生命母体之间存在同源性。以母神（阴）对应阳，揭示天塌（归阴）对应的补天（还阳）之间的连续、有序的人类共生基础，女娲的大德力量支撑史前时期的生存发展，女娲神话记载了一个合理的营造概念以及天、地、人的时空的合理结构。

上古时代，即文字记载出现以前的历史时代。世界各地对上古时代的定义不尽相同。在中国，上古时代一般指夏以前的时代。如果以加拿大学者P.谢弗教授提出的"宇宙文化学"对应造物活动，中国的史前文明已经开启和具备理解宇宙空间文化的基础，因此流传的神话故事中多和空间改造有关联。其主体对应的是天与地——宇宙空间，反映其思维的造物是宇宙拟态的表述。（图10-1）

中华民族的建筑原型特征——在创始神话时期已经体现设计造物的独特体系，追求人的创造创新，而非"神"安排一切。这种独特的体

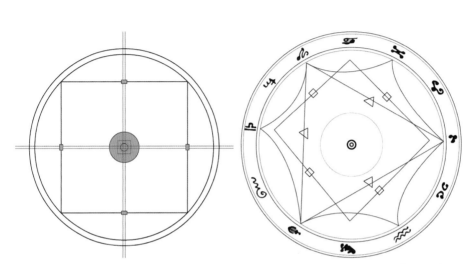

图10-1 天地与日月的循环

系，有三个和设计相似的环节：造型功能、材料技术、使用对象。

《淮南子·览冥训》中说："往古之时，四极废，九州裂，天不兼覆，地不周载；火爁炎而不灭，水浩洋而不息；猛兽食颛民，鸷鸟攫老弱。于是女娲炼五色石以补苍天，断鳌足以立四极，杀黑龙以济冀州，积芦灰以止淫水。苍天补，四极正；淫水涸，冀州平；狡虫死，颛民生。"这是对女娲补天神话比较完整的表述。

战国魏国史书《竹书纪年》中也提到女娲补天的神话：东海外有山曰天台，有登天之梯，有登仙之台，羽人所居。天台者，神鳌背负之山也，浮游海内，不纪经年。惟女娲斩鳌足而立四极，见仙山无着，乃移于琅琊之滨。

女娲补天的神话以天地空间为对象，显示对宇宙"间性"空间的理解，以对称构图表达高大和平稳的造型关系。记载中强调冀州为中心，冀州从"北"，从"異"（"异"的繁体）。"北"指"北方""中原之北"。"異"意为"共有的田地"。"北"与"異"联合起来表示"中原之北的由农民和牧民共同拥有和经营的田地"。鳌（海里的大龟）在人们心中是具有奉献意义的，而黑龙则是邪恶的、必须除掉的，正义的龟对邪恶的龙，创始神话时期人们崇拜的对象和汉之后的龙为尊不同。而用积芦苇的灰烬抵御洪水，似乎表明人们已经对燃烧后的灰土的物质改性具有认知。

因此，女娲补天神话中隐喻的造物智慧可以从以下几个方面来看。

（1）生命哲学的原型：娲—蛙—娃，生命落地的啼声、蛙的繁衍力量，神话故事以娲回顾创造生命的伟大母神。原型是对于人类或大多数民族来说具有相同或类似意义的象征。正如威尔赖特所言：我们常常看到这样事实，某些象征，诸如天父地母、光血、上下、轮轴等，反反复复地重现在许多彼此之间在时间和空间上相隔得非常远的文化中，在它们中间不可能有任何历史的影响和因果关系。为什么会发生这样的并无联系的重复呢？在许多情况下，原因并不难找到。不论人类的各自社会之间以及他们的思维方式和反应方式之间有多么大的差异，在人们的身体方面和心理结构方面毕竟具有一定的本质的相似性。（图10-2）

（2）宇宙空间与建筑结构："四柱一间"，上有顶覆"天"，下有地覆"地"，展现宇宙之下的"建筑原型"结构，中国建筑及西方建筑的结构原型基本单位就是这个"方正形态"，以此可以看到中西建筑结构的不同追求，中国建筑原型是天地和母体，西方建筑原型是人体。中国古代单体房屋建筑，平面以长方形最为普遍，长边向前为纵向，其长度称为面宽或面阔；短边在侧为横向，其长度称为进深，这是将宇宙天地的空间转移到大地上的结构。（图10-3）

图10-2　生命繁衍之舞——3000多年前的沧源岩画

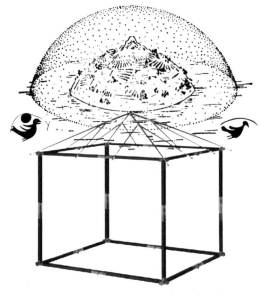

图10-3 天地空间与建筑木结构原型

女娲补天

火技

图10-4 神话中建筑材料的变迁

中国建筑特有的木结构制度，先用立柱横梁构成屋架，然后在柱间另外设门窗或堵壁，这样面宽方向的相邻两排平行的柱架之间就构成单体建筑的一个框架空间单元，称为一个开间或一间，反映在平面上就是一间的面积，所以"间"是单体建筑的基本元素或单位。古代建筑的间当然不仅仅就是近代的"四柱一间"的结构，实际要复杂得多，因为中国单体房屋建筑的面宽与进深的基本单元分别是"间"与"架"，但中国建筑的成熟体系早就与社会各种等级制度的限定进行组合。《新唐书·车服志》规定："王公之居不施重拱藻井。三品堂五间九架，门三间五架；五品堂五间七架，门三间两架；六品七品堂三间五架，庶人四架，而门皆一间两架。"

（3）材料技术基础：由玉石的"补"—"织"、"女神文明"时期对于母性能力的超越表述，引发出冶炼五彩石，也表明了这个时期人们对于石类的分类和分辨能力，说明了这个时期通过对于"火技"的理解而建立材料的质变知识。石灰岩经过大火燃烧，变为粉末，再掺杂到其他岩石中，干燥后凝结成块，坚硬得可做建筑材料。（图10-4）

（4）色彩原型知识：传统中国以五色为正色，五色石包括青、赤、白、黑、黄五种颜色。五色对应方位，东方谓之青，南方谓之赤，西方谓之白，北方谓之黑，天谓之玄，地谓之黄，玄出于黑，故六者有黄无玄为五也。这说明通过这五种颜色可调出其他所有颜色，同时也说明，史前人构建的华夏地理空间的知识，以五个方位的石头炼制的新材料，可以笼括青天的色彩变化。（图10-5）

（5）鳌足的神圣原型：鳌为水中的大龟，高诱注《淮南子》称："鳌，大龟。天废顿，以鳌足柱之。"这实际上说乌龟就是一个小宇宙，是缩小了的天地。龟在两宋以前，是至尊、至深、至全的圣物，龟的神奇在于"背阴负阳，上隆象天，下平法地"，华夏文明的征途中，神话故事都隐喻着对龟的功德赞誉，如助女娲补天、向伏羲献河图洛书八卦、决策黄帝战蚩尤、帮尧立德治国、提示禹治水、助仓颉造字、示汤伐夏、助周公作礼、为秦筑城等。即便是玄奘"西天取经"，经书还通过龟送达。龟还是后世万世不朽的驮碑者。《女娲补天》中断鳌足立支点，彰显龟的奉献精神，龟形直立如同人，这里也有引龟而表述人的德崇。人处处模仿龟，古代的铠甲原型是模仿龟而制鳞片、甲护的，人披铠甲如同获得龟的神圣和不死之象征。中国建筑中的瓦片也可能从鳞片上得到灵感，鳞片这种遮蔽水的功能启发了先民的创造。（图10-6）

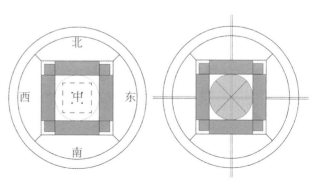

图10-5　五方结构

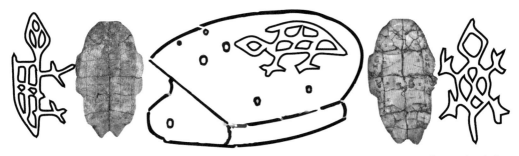

图10-6 龟甲与空间

（6）道德的传播：开创新天地、提供万物生存基础的女神女娲，不畏水火与黑暗（黑龙的隐喻）势力，通过创造万物而获得人们的尊敬。大洪水时代，华夏先民没有随洪水而逃避，而是在拼搏中创造适合生存的新空间。创造的核心是理解"德"与"物"之间的循环关系，不可能战胜的水火，在女娲的智慧中得到平息，人们感受到道德的力量而世世代代传播女娲的精神。这是中国神话原型与西方神话原型不同的精神隐喻，中国的神大多是造物神，是为人的生存创新创业的神。

二、鲧禹治水与营造围合

本节将原型基因对应在更为广阔的大洪水记忆神话中，重新考虑"鲧禹治水"中的精神隐喻和建构"发明"。因神话揭示一个传统：阴阳二元的"空间德化"交替、整齐有序的轴线与围合构成建筑的逻辑基础。一切周期都经过自我完善而永不停息，其中精神与物质也结合为一种持久的形式，构成华夏建筑的伦理基因。

卡西尔认为，人与众不同的标志，既不是他的形而上学本性，也不是他的物理本性，而是人的劳作。正是这种劳作，正是这种人类活动的体系，规定和划定了"人性"的圆满。语言、神话、宗教、艺术、科学、历史，都是这个圆的组成部分和各个扇面。[①]这就是人的哲学，存在劳作中的哲学，因此人们必须时刻创造，以造物满足、解决人的活动本

---

① 恩斯特·卡西尔. 人论[M]. 甘阳，译. 北京：西苑出版社，2003：119–120.

能和潜意识思维支配的躁动。

　　鲧禹治水积累的御水之体系，显示为神话，但实际为全人类的智慧宝库。倘若在水中仅仅以"方舟"维系，那么生存的空间会受到诸多限制。正因为有筑堤夯土围坝，中国古代城市才能在护城河的庇护下留存。这种技术及思维在后世得到持续发展，杭州西湖的苏堤、白堤，绍兴的东湖，嘉兴的南湖，还有众多江南的水乡，都是鲧禹治水智慧的延续。现代中国的造桥技术举世瞩目，同样可以归纳在鲧禹治水的智慧中。（图10-7）

　　鲧禹治水神话的记载很多。比如《山海经·海内经》："洪水滔天，鲧窃帝之息壤以堙洪水，不待帝命。帝命祝融杀鲧于羽郊。鲧复生禹。帝乃命禹卒布土以定九州。"《水经注》引《吕氏春秋》："禹娶涂山氏女。不以私害公。自辛至甲，四日复往治水。"《汉书·武帝纪》颜师古注引《淮南子》："禹治洪水，通轩辕山，化为熊。"

图10-7　息壤——夯土

鲧禹以布土（夯土）营造围合空间，显示上古人对于宇宙天地中灾难的解决能力以及天地广宇、湖河汉道的规划智慧，为构建持续的华夏文明及国家提供了基础。

史前神话故事众多，仅以上述神话所涉及的空间创造和原始技术所见，便是造物能力和文化体系的呈现。《周易·既济》载："高宗伐鬼方。"干宝注："方，国也。""方"便是所有的国。史前的荒蛮博弈需要社会长期稳定，以降低对发展生产和繁衍族群的影响，在发展博弈中产生类似机制的编制，从而自我传播和催化文明机制子系统的路径。文化符号在相互认证中护佑归依的族群，早期的文化文本总是在"物"与"神"之间构筑"以德配天"的意象，从而在人的世界形成"显能"。后世发展出众多超越性的文明"游戏规则"，与此类似，儒家的礼乐文化符号便属于普适性的仲裁机构。那么，文化符号又如何实现共同体的认知及其秩序呢？从创始神话的原型看其紧密地展现能人（巫）的造物建构"发明"，这种建构是基于"宇宙天体"的神圣造物，是对造物表达"神圣化"的记录。

因此，鲧禹治水神话中隐喻的造物智慧包括以下八个方面。

（1）华夏精神：大洪水故事中，华夏先民采取的态度和西方绝然不同，以持续的坚持和顽强，争取生存权利。

（2）材料技术（土改性为陶）："息壤"隐喻，单纯的泥土改性，可视为"烧土为陶"的前身，可与建筑"夯土"联系。（图10-8）

（3）城池围合原型：鲧治水九年，采用的是堵水、修筑堤坝、以筑堤挡水等方法。这也许为后世夯土筑堤提供了结构的探索，同时也是水利工程的最早探索。许多著名的水利工程，比如长江三峡水利工程、黄河小浪底水利枢纽工程、葛洲坝水利枢纽工程、都江堰水利工程等，都与筑堤有关。俗话说"水来土掩"，鲧取土筑堤坝，想让水在堤坝的范围内流淌，所以才有了"鲧伯取土"的神话记载。鲧的这种实践毫无疑问提供了人们建立围筑的知识，现代的防洪堤也是这个方法的延续。同时反复取土，也激发人们探索对土的改性实践，最后从夯土发展到草裹

图10-8　古今土烧砖块

泥土以及木骨泥墙结构。（图10-9）

（4）围城与定九州：治水中增加了围合定位的能力，体现了先民对城郭规划原型的认知，紫禁城外以金水河环绕护城，这种围合隐喻营造原型中的"子宫"形态，模拟天地空间的认知。（图10-10）

图10-9　木骨泥墙

图10-10 "子宫"原型

（5）熊图腾的隐喻：鲧禹治水皆化为熊，远古对于熊图腾信仰有一定的认知，熊经冬眠而"复活"，具有周而复始的能力，被史前人认定为"神"。

（6）化石、石破北方而启生：中国人对石（玉）充满崇拜，认为它是最坚硬的材料，同时也是建筑材料。石破"北方"而非"南方"则基于人们对宇宙地理空间的方位认知。

（7）坐北朝南：南为尊为阳，北为卑为阴。"启"是夏朝君王之一，史称夏启，禹之子，姒姓。禹曾让位于益，但人民因感念大禹的功绩，乃拥戴启继位。

（8）玉璜的虹桥隐喻：当人们无法完全控制洪水之时，霓虹曲线的视觉思维激发人们构建一种超越的"连接"心理——天上的虹桥与地上的拱桥，完成在实际生存中的水域联系，增添人类超越的心理象征。

洪水滔天、天塌地陷的传说都是为了其后的建筑空间叙事，神话描述的宇宙观都有一个共同特征，空间是由"柱、顶、地"构成的，柱子是其中的创造性结构，建筑是对天地原型的模仿。

天梯建木首要表达的是一个地中轴线观念，这说明初民认为天地宇宙由中心主导，且此中心由太阳（神）掌控，太阳对人生存的重要作用，驱使人们将这个"上中下"以"轴线"再现在城市中。

最初的中国建筑以坛丘表述身体与空间的垂直关联，随后这种关联被保留在中国建筑的台基之上，并以台基的高度决定建筑的神圣联觉，一些寺庙更是为了追求建筑纯粹的神圣（上下）关系而构建高塔。北京北海公园的瀛台是这种体系的成熟代表。（图10-11）

图10-11 北京北海公园的瀛台

三、伏羲、女娲与营造技术

伏羲、女娲使用"规""矩"表明史前人类对于圆形态的描绘存有敬畏，并以创造圆空间获得再生。规则的构造形成有规则的环境，通过与神话相关的形式表现出来，更展示了古人的建筑思想已经与原始神灵崇拜相结合①。

拉法格说：神话既不是骗子的谎话，也不是无谓的想象的产物。它们不如说是人类思想的朴素的和自发的形式之一。只有当我们猜中了这些神话对于原始人和它们在许多世纪以来丧失掉了的那种意义的时候，我们才能理解人类的童年。②事实上，了解人类童年的目的是为了理解文化原型，理解建筑的原型结构。

卡西尔认为，神话不仅是想象的产物，而且还是人类第一种理智好奇心的产物。神话并不满足于按事物的实然存在状态去描述他们，它竭力追踪它们的起源，它希望知晓它们为何存在。③很多造物也是这种概念，《诗经·大雅·绵》中有"陶复陶穴"，就是这个意思，陶的本义是挖掘。穴挖大了，穴拱承受的压力也大，便易坍塌。于是先祖便在穴的中央留下一根土柱支撑穴拱，但自然之穴毕竟有限，由于科学技术不发达，工具落后，陶穴难度很大，于是，古人类由洞穴移居到洞外，但地面上野兽多，洪水泛滥，古人受到了鸟的启示，便构木为巢，依托旷野中的大树为巢。观念支配行动，导引出文化样态，人的观念和意识催促行为和创造的动因。

---

① 朱梓铭. 中国神话与建筑传统[J]. 攀枝花学院学报，2005（6）：48.

② 拉法格. 宗教和资本[M]. 王子野，译. 北京：生活·读书·新知三联书店，1963：2.

③ 卡西尔. 符号·神话·文化[M]. 李小兵，译. 北京：东方出版社，1988：136.

以"规""矩"为营造工具，先民的社会秩序强调规矩，而"规""矩"的原型可追溯到工具，人类最早的造物是从工具制造开始，从工具改进中可理解、掌握美的本质。"规""矩"作为工具的原型刻绘在画像砖中。考古学家张光直指出，在商代的金文里面，"巫师"的"巫"字代表了两把垂直相交的矩尺，说明巫手里拿着矩，手持矩的人是可以规天矩地掌握权力的。沈克宁曾指出：人（身体）通过定居（建筑）进入"天地人神"四重体。从东汉武梁祠画像石中的伏羲女娲图中可以看到，女娲手里拿着一把圆规，伏羲手里拿着一把矩尺。神的活动是在以规画天、以矩创地和万物，神可谓中国最早的建筑师。结合女娲炼石补天的故事，可以进一步证明女娲的建筑师的身份，而且是拥有冶炼技术的建筑师。

中国古代强调工具的制造智慧，《论语·卫灵公》载："子贡问为仁。子曰：'工欲善其事，必先利其器。居是邦也，事其大夫之贤者，友其士之仁者。'"这里的问答是"格物致知"的源头。

从伏羲、女娲与营造技术的传说中可以看出神话描述的"共生"原型及其变迁：

（1）人类繁衍之大爱原型——"共生"：神话中脱离灾难同样和各类空间有关，大多借助造舟、葫芦、木柜、洞穴、肚子、盆等逃生，与西方英雄原型同样，所有制造给英雄的磨难都是其成为英雄的必由之路。伏羲与女娲的结合便是披荆斩棘解决宇宙空间大难题的方式，显示了人的身体空间与宇宙空间的相关思维。正如冯琳、宋昆认为的：建筑方式即是人（身体）存在于世的方式。身体本身是一个全息的统一体，纯视觉的形象并不能导向对建筑本身的把握，建筑包括建造逻辑、材料质感等，理解了建筑，建筑也借助身体宣告自身意义的构造尺度、温度、声音、气味、空间气氛等，都会成为传达意义和情绪的手段，这些需要人调动身体的所有感官去感知。（图10-12～图10-14）

图10-12　墓室结构

图10-13　麦积山和龙门的洞窟

图10-14　卡塔尔博物馆和现代洞窟图书馆

（2）华夏先民圭璧共生的思维：以空间实现生存基础，建造的空间将延续人的所有物质活动与精神活动。为了提高对伏羲和女娲的神圣敬畏，人们将其手中的"规""矩"转换为圣物——圆璧与圭璋，尽管稍显牵强附会，但圆璧与圭璋的阴阳指向在文献中有记载。根据《周礼》"圭璧以祀"，先民热衷于巡祀"八神"是为了祈愿国家政权和个体生命的双重永恒。

《汉书》记载汉宣帝一度（公元前61年）东巡海上，以"珪币"（可能为"圭璧币帛"的省称）礼祠八神。其驱动力即为"用事八神延年"。关于"圭璧以祀"，唐启翠和公维军认为：最早的圭璧组合以祀天地日月等的实物遗存皆见于秦汉之际，且尺寸亦和汉武尺寸大抵相符，如芝罘阳主庙遗址、成山头日主祠遗址和莺亭山祭天遗址中出土的玉璧、玉璜纹饰皆为战国晚期流行风格，无论是不是秦皇汉武举行祭祀的遗物，时代都不会早于战国晚期。

1975年发现于山东烟台芝罘阳主庙遗址的两组玉器，为一圭一璧二觿，谷纹璧居中，觿置两侧，圭置璧之中，圭射东北向直指芝罘岛最高峰"老爷山"。谷纹璧为战国末期遗物。[1]1979—1982年发现于山东成山头日主祠遗址的两组玉器：A组4件，玉璧1件居中，圭2件分居两侧，璜（珩）1件居璧上方；B组3件，玉璧1件居中，圭2件置两侧。A组玉器位于B组东侧约2.5米处，两点连线方向实测为113°。谷纹璧、谷纹璜皆为战国末期至西汉初期的典型器。[2]（图10-15）

---

① 烟台市博物馆. 烟台市芝罘岛发现一批文物[J]. 文物，1976（8）：93-94.

② 王永波. 成山玉器与日主祭———兼论太阳神崇拜的有关问题[J]. 文物，1993（1）：62-64.

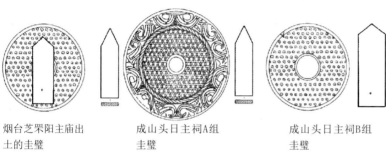

烟台芝罘阳主庙出　　　成山头日主祠A组　　　　成山头日主祠B组
土的圭璧　　　　　　　圭璧　　　　　　　　　　圭璧

图10-15　山东烟台芝罘阳主庙遗址和成山头日主祠遗址的圭璧

　　也许受阴阳二元观念的影响，"圭璧以祀"是对伏羲、女娲二神的共生转向，由神的主体分离为独立的器物符号象征。神话的传播，一方面似乎在还原展示人类原型思维的概念结构，另一方面展示人的潜意识的知觉，引导人们追溯物的存在和人的存在。

　　神话既要担当阐释的角色，又是人们较为轻松感知各种原初力量的主要方式，是以情感作为基质进行变形表述。列维·布留尔在《原始思维》中解读神话是人类的"前逻辑"，也就是史前人的思维。神话有时被充当一种破解未知的力量，以抵御死亡和破除对死亡和神秘的恐惧，神话有着与图腾相类似的价值，或者说与宗教有着相类似的气质，神话所扮演的是最粗糙、最原始的类宗教，因此能够给人们提供心理和精神的双重依赖。

　　正如卡西尔所认为的："虽然神话是虚构的，但它是一种无意识的虚构，而不是有意识的虚构。原始精神并没有意识到它自己的创造物的意义，揭示这种意义——探查在这无数的假面具之后的真相的，乃是我们，是我们的科学分析。"[①]神话从无意识走向存在的感知，便是在建筑空间中构建场所秩序，场所并非在建筑之前就已存在，相反是因为建

① 恩斯特·卡西尔. 人论[M]. 甘阳, 译. 北京: 西苑出版社, 2003: 128.

筑，场所才得以显现。当我们将神话原型一一降解为场域，寻找场所构成的心理体验，便能够理解"天—人—地"空间的共生意义，对于人而言，共生与创生都围绕空间展开，世间万物皆围绕空间知觉而行动。

在知觉现象学看来，即便是被极度重视的"视觉"也是一种联觉，只是我们习焉不察罢了。对日常生活中的联觉体验所作的精彩描述表明，我们不只是看到物体的几何轮廓，而是通过被看物体所呈现的状态唤起自身各种感官的记忆，并由以往体验的汇集得出与物体性质相关的某种结论。在当代社会，神话原型的重塑和再生产，便是要唤起族群的联觉记忆，延续"集体无意识"作为文化思维的现代意义。

第十一章
神话叙事中的玉石空间智慧

作为文化载体的华夏建筑，与世界上其他建筑一样，其本来的目的都是满足功能的需要，但华夏建筑所隐喻的基因使它成为理解宇宙空间的一种营造。它通过规划、布局和选材构建出一种空间的意象象征，从而实现了对超验之美的再现。西方建筑基因与华夏建筑基因之间的不同缘于对超验的解读不同，西方通过宏大高直的体量空间表述神圣的美学，华夏建筑却彰显一种无论建筑规模、体量、大小都具有一致性的美学体验。

一个文明延续的体系原型，重要于其他成就。黄河流域的文明得以传承上下五千年，其体系的成熟是重要因素。人类活动中以物质和精神为其根本运动，而物质的发展是精神发展的必要条件。《周礼》规法的礼玉行为及礼器保证了"德政"的实现，施行者凭借六玉而"居仁由义"，换句话说玉虽是稀有物质，但因其为"德政"的根基和保证，也就成为人类深层美学及精神原则、性质的阐释。后世的孔子哲学，对于政治的思考源于"从周"的德性文化反思，其又延展为国家社稷方面的政治哲学模型及普适意义的修身践行。通过《左传》《国语》来看春秋二百四十二年的历史，不难发现在此一时代中，有个共同的理念，不仅规范了人生，而且也规范了宇宙；这即是礼。如前所述，礼在《诗经》时代，已转化为人文的征表。则春秋是礼的世纪，也即是人文的世纪，这是继承《诗经》时代宗教坠落以后的必然的发展。

倘若《周礼》仅仅从语言律法上规范人的美德，则不见其显的智慧。其德性是以珍贵的具有特殊蕴含的玉石（能补天）模拟原型对象制作器型而象征宇宙之中人无法超越的本体，继而由"巫王（天子）持器而礼"，这便构成一种"宇宙空间—玉石象征—巫王祭祀"的完整体系。在完整体系中，人无法超越的宇宙空间本体经由玉石作器而转向，完成玉石"道之以德，齐之以礼"的心理作用，而人们对于宇宙空间无法接近和超越的心理却在玉石之器的原型隐喻下发生变化，人们借此进一步通过模拟宇宙空间来确定建筑空间，将宇宙空间的大德转移到建筑空间里，这既保障礼玉仪典空间与礼玉对象的同一，又可以将宇宙空间的广域缩小在人类的营造空间中。早期的丘台建筑、汉唐明堂、祈年圜丘都是建筑原型思维的代表，巫王（天子）在六器和祭祀空间的双重统治架构中，便由两者完成体统的"德政"渗透与思维的同化。这也构成儒家思想的智慧，在一个礼崩乐坏的时代，儒家提出一个继承从周的标准和理由，孔子述而不作的整个政治主张实际上带有严格考察周公制礼作乐的先王之道。在社会走向衰朽的时期，强化和凸显《周礼》内含的华夏智慧的时代性，及时进行"现时性"的延续和总结，使之升华为新的系统，《论语》的辩、识、论便是"从周"之德的形式内容的转移。"综观《论语》中不同角度和不同层面的关于'周礼'的丰富论述，我们可以说，孔子所理解的'周礼'乃是包括政治社会制度、政治伦理行为规范和行为方式、仪式和程序以及相应的话语谱系的一个全方位的系统。"①（图11-1）

如果说《周礼》是经由意识加工的系统，那么《周礼》"六玉"则是这些意识的原型具体表述，其具象的形态综合物质与精神成为文化原型。西方的原型应用于建筑学也有着各种概括性，原型理论的重要人物荣格认为：原型仅仅表现那些尚未经过意识加工，因此是心理体验直接基点的心灵内容。原型与经过意识加工的具有附加功能的历史法则之间存在巨大

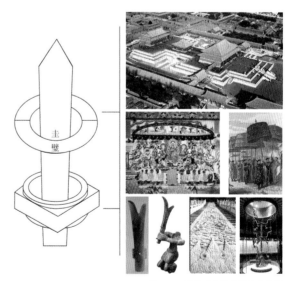

图11-1　璧琮琮圭导引的空间之礼

---

① 宋宽锋. "周礼"的哲学解释与德政的主体奠基——孔子政治哲学新探[J]. 陕西师范大学学报（哲学社会科学版），2018（2）：115.

差异，原型应是朴素的、直觉的、原生态的，而经过意识形态加工的显然已经将原型上升到超越显在之物的心理同化上，也就是说自然物像并不能直接满足人的主客意识和心理欲求，而使自然物像成为载体，这使得外在的形象与心理事情共同塑造出与人的意识相协调的"神明""天梯"类的原型表述。而"神明"与"天梯"的外在显性需要建立神话或寓言的假设，为了增强这种假设又需要场景的叙事、场景的圣化或崇高、阴阳更替等与心理共同投射，与人的意识相连，并转而产生造物的动力。犹如类比法应用在物质原在与心理投射中，两者交替推进，物质由原型实体演变到意指的心理支配，最后以系统化或公式化的方式步入宗教，以教义的经验取代原型的原初位置，成为人们证明精神的内向性思想，之后再附着于建筑空间场所，并在场所构成的空间主导下以仪式为追溯的对象，实现精神的保护和治疗。《周礼》"六玉"的作用同样如此，以《周礼》为教义而映射为空间行为的维度。（图11-2）

图11-2　广宇的屋脊与巨大的穹顶组合

一、最初空间中的美学生态与体系的生成

世界上的文字有很多种，从文字的功能看，文字有表意和表音两种形式。表音文字根据音节组合词义字意，表意文字以文字形状和结构组织其意义。从人类的直觉性创造活动看，表音文字反映人的本能属性，表意文字则包含人的创造性属性。由音到形是一个发展变化的过程，同时也是人类由本能主体上升到文明主体的反映。世界上几个文明古国都有象形文字——尼罗河"画成物像"的象形，两河流域"楔形物像"的象形，黄河流域的"刻划特征"的象形，恒河流域的"印象物像"的象形。这些文字的一个集中特征是以"象"某个形状表示某个意义，在"象"成"形"的过程中，经由类型到叙事的联系，本身具有体系的内在联系，而体系是"文明""文化"发生制中最能代表个体特征的动力。当古埃及、古巴比伦、古印度的象形文字体系无法延续到现代时，其文明的影响力及当代的承续价值也就必然减弱，在人工智能快速发展的当下，寻求人类共同体存在的价值及灵活应对的能力，显然对追溯文化学有普适作用和现代性借鉴作用。（图11-3、图11-4）

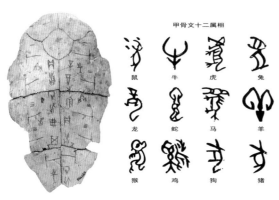

图11-3 中国甲骨文的形意

图11-4 古埃及文字

中国文字的表意成为造物智慧表达的体系依存，建筑作为最大型的造物，其智慧是心性与构造的交互。然而中国智慧最成功之处在于使建筑与文字互相依存，文字作为建筑的仿生，在仿生中记录具象原型的智慧。

中国建筑最初的原型和树有着密切联系，这便是"巢居"，在树上构建房屋，由此在后世延续为井干式和干栏式建筑结构。在这里原型为树及树上的"巢居"形态，延伸为井干、干栏、穿斗、抬梁等木质材料基因。在木的使用过程中，木联系身体，发展到脑思维的形意转换，木结构便也在具象中走向体系的抽象，结合语言符号记录为文字。当然，正是这种智慧的记录和语言的合一，中国造物的隐喻也完整保留下来。仅凭这一点，传统造物尤其是建筑的原型智慧便有必要在当代社会进行解读，以传播和延续传统文化的价值。（图11-5）

人们选择树为形是因为树首先是有生命的，向上生长着，高直的树是《山海经》中的"建木"，拥有通神的功能。而维特鲁威在其《建筑十书》中推想建筑的可能原型是"棚屋"——由树的枝丫组合而成的一种锥形结构，源于维奥·勒·杜克的最初描述。无论是"建木""巢

图11-5 巢居、井干、干栏、穿斗

居"还是"棚屋"，都是人类建造历史的记录，表明人类对于空间塑造中的心理存在一致性，树的伞冠给予人们一种安全，在民族信仰方面，人们愿意模仿树构筑建筑，现代社会亦同样据此仿生成收放自如的"自动伞"。

18世纪，阿贝·洛吉耶的著作中对建筑的起源进行了类似"巢居"的联想。如果沿着树的建筑原型，朝向历史性纵深挖掘，则可能看到形式叠加、变异以及宗教化后原型的增形。（图11-6）

人类的建筑发展出自类型学，因原型树而同时发展出上下垂直的构图，从而引出"对称"美学。以树为原型则可能不断吸收树的生命精神，向上、挺拔、刚直、坚韧，因而中国古代常以树论人的精神品性，以树喻人，以人反观树成为人格的象征借鉴。

以树喻人在文学作品中有极为丰富的表现，如辛弃疾《鹧鸪天》中的"最怜杨柳如张绪"，徐志摩《再别康桥》中的"那河畔的金柳，是夕阳中的新娘"等。在语言结构中，以树形容人的品性也较为多见，如"玉树临风""楷模"等。又如《晋书·谢安传》曰："安尝戒约子侄，因曰：'子弟亦何豫人事，而正欲使其佳？'诸人莫有言者。玄答

图11-6 神话树与建筑的形态延伸

曰：'譬如芝兰玉树，欲使其生于庭阶耳。'"《山海经·海外南经》曰："三株树在厌火北，生赤水上，其为树如柏，叶皆为珠。一曰其为树若彗。"三株树又作"三珠树"，如柏木，叶如珠玉，将品德与珍宝寄寓在树身。傲然的风骨、长青不老的品质由树转为文本而实践在人的身上。儒家思想有"楷模说"，楷为"典范、榜样"，模为"模型、范本"。《后汉书·卢植传》曰："故北中郎将卢植，名著海内，学为儒宗，士为楷模，国之桢干也。"《三国志·魏志·管宁传》曰："昭善史书，与钟繇、邯郸淳、卫觊韦诞并有名，尺牍之迹，动见楷模焉。"据说在主张"明德慎罚"、礼贤下士的周公坟上，生长着楷树，北宋人孙奕在其编著《履斋示儿编》一书的卷十三中说："孔子冢上生楷，周公冢上生模。"故后世人以为楷模，"楷树"有真木，现为制作楷雕的木头材料，而"模树"则仅见淮南王刘安《淮南草木谱》中记载，其他古籍中未见。

　　中国传统以树为原型构屋建宅，从最初的直观呈现描摹入手到领略树结构穿插的真谛，创造出榫卯组合。各种不同形态的榫卯解决了木作造物的技术问题，榫卯在不同的组合件中因对象不同又常常产生新的结构。如"斗拱"的木与木的结合，以"坐斗"＋拱＋翘＋昂＋升＋斗，反复重复构成大屋架的体系；又如木与石结合的柱础，直立的木柱上承斗拱下接石础，不仅干扰湿气入侵，还能将装饰寓意植入，莲花八宝、吉祥等美好寓意与刚直上扬的木柱共同组合为"一身正气"。原型上升到美德与精神，以此为原型的建筑在华夏大地上展开，传播的就不仅仅是技术，其隐喻的精神气质与每一地的风貌组合后，成为社会的风习，最后汇聚为民族的特征，这便是造物中原型由直观到微观再到宏观的变迁，由中华的建筑造物体系功能可见原型建筑对中华文明传播的贡献。（图11-7）

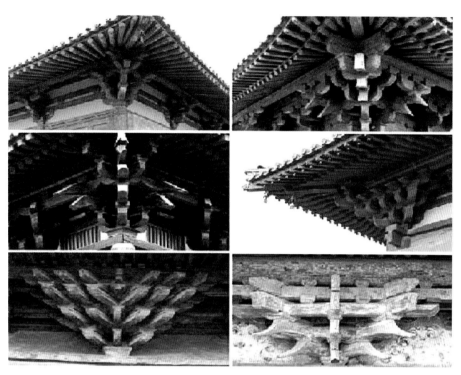

图11-7　斗拱样式

二、宇宙空间对应的美学原型

　　建成环境作为具象的空间原型模拟宇宙中心，其成就显然是视觉上
升为精神的价值和直觉上升为德性美学的价值。建筑如身体，身体作为
人的外在显现执行人头脑的意志。宇宙苍穹，人想要实现五个生存需
求，马斯洛归纳了人的基本需求，最底层属于人的本能，最高的需求需
要智能，而建筑似乎仍然是实现五个层次的必需，因建筑如身体。在礼
玉的心理诉求上，人头脑中最高意志实现在建筑中。建筑延伸身体，是
无形力量的战场。从现象学角度看，建筑延伸身体实现空间的尺度比
例。人们理解存在的意义。海德格尔认为："'在一个世界中'从一开
始就被归于看法、臆测、确信和信仰，也就是说，归于某种行为，而这
种行为本身却总已经是在世的存在的一种衍生样式了。"[①]人的存在，灵
魂或意识的存在，总是先以"实在"为证明，现成的存在揭示"外部世
界"，始终依循物质和客体制订"此在"，物理的和心理的共同存在，

---

　　① 海德格尔. 存在与时间[M]. 陈嘉映，王庆节，译. 北京：生活·读书·新知
三联书店，1987：249.

因此建筑的场所存在构成了身体在空间、时间中的"实在"体验。建筑提供"相互关系"的整体存在，人们在场景和建筑的空间限制内反转"宇宙空间的实在"，但似乎只有可见不可触摸的"实在"。

宇宙无限，建筑使之有限而可感知，人通过有限跨越心灵的无限。建筑又使历史长河包括灵魂的安置拥有"生命"停留的概念。因此人们要解谜宇宙中的已知与未知，依托建筑"存在于世界中"，以"身体"涉身度量存在的意义。海德格尔在其《筑•居•思》中同样把筑造纳入一切存在之物所属的那个领域中，以此来追踪筑造。所谓人的存在，也就是作为终有——死者在大地上存在，意思就是居住。筑造乃是真正的栖居，栖居的基本特征就是这样一种保护。

六玉规范的瑞德开启德性系统的华夏道德美学的传承，先由国家社稷再下行于黎民百姓，对此《论语》中提供了大量的文本证据，如：

> 子畏于匡，曰："文王既没，文不在兹乎？天之将丧斯文也，后死者不得与于斯文也；天之未丧斯文也，匡人其如予何？"

> 子曰："……君子笃于亲，则民兴于仁，故旧不遗，则民不偷。"

> 子曰："上好礼，则民莫敢不敬；上好义，则民莫敢不服；上好信，则民莫敢不用情。夫如是，则四方之民襁负其子而至矣，焉用稼？"

> 子曰："上好礼，则民易使也。"

可见，文化大传统时期的人特别强调玉礼器的神秘造型，以唤起礼器作为祭祀者与上帝接近的途径。四川广汉三星堆曾发现一个青铜的人物小雕像，雕像手举一对琮——琮被认定为在宗教仪式上巫师携带的工具。琮外方内圆，圆代表天，方代表地，中空管是连接不同世界的轴。人与动物装饰图案扮演巫师助手的角色。总之，琮融合了巫师宇宙论的主要内涵。尽管武力和武器都能够获得权力、积聚社会财富，但是武力兵器的消耗巨大，相对于武器，礼器更能起到温和的统一和威吓之能。（图11-8）

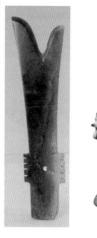

图11-8 四川广汉三星堆出土的青铜人物雕像

玉表述的体系犹如宗教，同时也是文明的线索和见证。张光直先生认为：对文明出现最具有说服力的是与宗教祭祀有关的标志图案和符号，以此显示某些权力，并提供唯一一种宗教祭祀在政治或其他场合发挥作用的线索。[①]

三、礼玉与玉礼在空间秩序中美的超验

人的身体最能够感觉建筑，身体能帮助人们建构感觉、思考和意识。玉为人们理解和应对人类生存条件提供视野。玉礼和礼玉组成的正是梅洛·庞蒂所论述的"交错与交织"的"事物的范围"：它莫不过天上地下，只是大量事物聚集在一起的场所而已，或者说是一种"意识潜能"的系统。它是一种新的存在，一种多孔的、丰富的或普遍的存在。

道德需要外在标准作为信证，体现可阅读性。玉的礼器功能作为伴随中华民族整个历史的唯一见证物，在超验的空间想象中唤起人性和美，玉石的制作过程，也因艰难的"琢磨"而使璞玉变得莹润、坚韧、晶纯，一种无生命的物质神秘性匪夷所思地与人格、道德中的神秘结

① 张光直. 宗教祭祀与王权[J]. 华夏考古，1996（3）：103.

合，成为德性执行的最高准则。《礼记·礼器》中有："礼器，是故大备。大备，盛德也。礼释回，增美质，措则正，施则行。"《周礼》言："以玉作六瑞，以等邦国"，"以礼天地四方"，"掌建邦之天神、人鬼、地示之礼，以佐王建保邦国"。礼器担当礼的外在表现形式，在长久的集体共性行为中，玉礼器具有激发人们"意识潜能"的功能，使玉石从物理属性的特征中生发，在人为的抽象感知作用下，赋予它特殊的内涵，与道德的标准再生。玉贯通造物原型思维的最高追求，实现美与伦理在人类社会中的至高地位。玉礼器在后世有着不同的发展：在皇室中走向集中王权的玉玺，在民间走向聚集君子的佩玉行为，在庙堂走向"琼楼玉宇""雕栏玉砌"，在美德教化方面追求"玉不琢，不成器""他山之石，可以攻玉""玉柱擎天"，在社会交往方面以"金马玉堂""玄圃积玉""朱干玉戚"为尊贵象征。（图11-9）

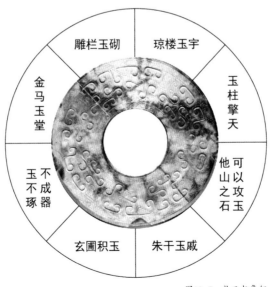

图11-9 礼玉与象征

　　事实上，六玉奠定的美学秩序早已如血液般浸润在华夏文化之中。玉的品质、品德作为华夏建筑的深层追求，玉成的建筑之维度同时也反作用于玉德的先验性、普遍性、客观的心灵结构。如果说是因木（巢居）结构而引发华夏建筑的原型，那么因玉提升的华夏建筑的精神母题便是中国建筑美学的精髓。尽管在历史变迁中，不同属地的建筑异彩纷呈，但在共同的"金马玉堂"之境，人们追求的美境是同一的。汉扬雄《解嘲》谓："今子幸得遭明盛之世，处不讳之朝，与群贤同行，历金门，上玉堂，有日矣，曾不能画一奇，出一策，上说人主，下谈公卿。"汉代时便已将国运昌盛与金门玉堂相对应。

　　中国社会是自觉的审美社会，基调是个体追随主体空间，每个人都进入这个文化象征圈，以共同的文化意识表述生存造物。《周礼》"六玉"构筑的美学层次使文学、建筑、器物在共同的文化圈中表述共性的思维，彼此融通借鉴。在文学的渲染之下，玉珂鸣响，佩玉铿锵，即使远在深山亦能打造极高的品位。江南徽派的建筑"粉墙黛瓦"，便是白玉审美走向民间建筑的极典型的成熟品位。以玉色"玄白"对应，徽派建筑的外在灵魂是白色的方正叠落的马头墙，整体布局规划的四周对角与轴线展现了风土建筑中少见的伦理正义现象，尤其在古徽州的乡野之境，建筑形态的隐喻并不逊色于任何一处繁华城市，这也便是礼玉情结与审美转向走向民间的表现。距离徽州不远的湖州南浔，自古便是桑蚕之地，民风淳朴祥和，其建筑形态却又是另一番别致，"蚕头燕尾"的山墙蕴涵圆璧般的美好，以形态延伸表达对蚕神娘娘和吉祥家燕的敬畏喜爱，加之水乡地貌，横亘水面的圆拱桥（虹桥印象）更是赋予这片水乡"蒹葭倚玉"之象征。这两处的江南风貌一山一水相距不远，却在共性的审美中表现不同的美学。文化原型的作用从来就不是简单的铺陈，其表体之外是视觉之美，表体之内是美学的再生。（图11-10～图11-12）

图11-10　南浔的蚕头燕尾墙

图11-11　园林中的月洞圆门　　　　图11-12　圆石拱桥（如虹桥）

　　由于周礼精神和物质的链接性，这种价值理性在物质社会状态中形成各种表象，同时也在精神领域起到"良能良知"的自觉修为。文化的心理结构以美学思维扩延，就是华夏的心理特征，强调文化、善和美的造物表述。如此方使文化传承以连续性而存在，以道德规范铸就社会团体一致的力量。

　　传统中国的造物原理、建筑物或生活物品上的造型和图案似乎在遵从符号化象征。在人生追求中，"四书""五经"等经典构成了读书人的人生修养和人生美学化理想追求，人生因为有规范化的追求而均衡。做人有基本准绳——与人为善；拜相入仕有国家标准；普通民众有家族化典范——孝悌为本，这是因为儒学本就基于世俗化而为。"四书""五经"的正统形成数千年中国人的希望，改变人生际遇、齐家治国，那就是中国传统社会的精神资源和智慧光芒，这些再释放为各种形式后，以表现人的精神性为主体。儒的意识形态自觉转换为物质，从而形成一种生活价值和人生价值，进而控制、转化人的精神追求。儒学没有像佛教、道教那样运用"舍离"，另辟一个世界，而是融解在日常化中，形成伦理化的艺术等各种行为模式。

　　开放转型期，设计中的无序是有目共睹的，设计中的种种不合法行为屡见不鲜。这些虽然是整个社会精神的失落，但在造物的过程里，物质商品（建筑、服饰等）本身就是一个文化美学再生的意义实践，消费和使用的过程就是对人的思维及审美的实践与重组，它们在社会中的存在将影响人的心性发展。设计在社会结构中处于一个复杂的关系网络之中，设计带动经济与生活的同时又制造了适宜的生活常态美学，重新探索礼玉空间，着眼《周礼》作为华夏文明走向"原则精神"的开始，持续的社会必须理解人类社会和国家的大美，唯有制度才是理想的治国标准，唯有礼仪才能使人类感知到秩序与正义的活态美，宇宙空间的美是因为生命展现的爱。当代全球化的种族焦点、科技生态、信仰危机、国际争端等凡俗常态的欲望利益诱惑总是偏离人的正常轨迹，犹如新时代的"礼崩乐坏"，《周礼》以礼玉对应"儒家正义论的观念结构"日常生存美学，以及融入视觉空间解读的"仁—义—礼的观念结构"。对待《周礼》和儒家美学式的理想分层，一般仅被当作制度执行，但其实质却贯穿了整体的社会表现，成为抽象思维的解说和阐释。尽管当代社会制度、法律更为严密，但国际语境之下带来的新问题更为严峻，而空间美学恰好可以重新发挥潜移默化的价值。

第十二章
《周礼》"六玉"支撑的华夏文化编码体系

　　在人类文明变迁的长河中，唯一能够证明文明历史存在的是物质实体，而物质的主客观认知依赖于设计的创新而实现。从华夏众多的遗址选址定位中可见聚落的规划设计；从祭祀器物中可观察造型装饰设计及书法设计，更可能感知蕴含其中的器物造型审美与技术铸造的完整设计体系。而华夏文明完整的设计体系还与汉字同在，汉字的形声会意记录着设计技术、材料选型和美学规律。对于中华文明起源的问题，尽管西方许多学者忽略甚至遮蔽，但是解读汉字结构、了解物质承载的设计美学和设计技术体系则可证明华夏文明的真实存在。华夏文明智慧地协同物质与精神信仰，将其转化在生活常态中，成为国家形象乃至民族共同体永存的重要机制。

　　对于人类而言，设计是对"生命、生活、生存"交互世界所有事物的创想和审美化。设计在传统中国中是解决天道、地道、人道、物道的关系的手段。明代哲学家王艮所说"百姓日用皆道"可谓传统中国造物设计的核心指向。1919年德国包豪斯创立了现代主义设计教育体系，这个强调标准和形式主义的教育体系在20世纪80年代末进入中国，成为中国设计的现代主义圭臬。设计的范畴被定义为平面视觉设计中的"包装设计、书籍装帧设计、广告设计"，环境设计中的"展示设计、家具设计、室内设计、景观设计"，新媒体艺术中的"动画设计、影视设计、交互设计"，传统文化艺术中的"工艺美术设计、染织设计"等相对独立的"工具理性"层面，然而现代社会的性质，决定了设计必须面对的是精神性和物质性相互协同。设计既要关联历史进化，展现文化自信，又要链接人工智能，不可能继续局限为生活方式或生物需求之狭窄认知。在设计现象裹挟精神纷至沓来的当代，必须清醒地审视历史文明中的表述价值，以大设计体系的构建作为立国基石。设计必须认识到自身对历史变迁和民族精神的传播定位价值。意大利学者克罗齐于1917年提出"一切历史都是当代史"的著名命题，便是以回溯历史作为尊重从而利于"酌古通今，旁推互证"。帕帕纳克在《为真实世界的设计》中提出设计应该认真考虑地球有限资源的使用问题，应该为保护我们居住的地球和它的有限资源服务；原研哉在《设计中的设计》中提到，设计不是一种技能，而是捕捉事物本质的感觉能力、洞察能力。显然，设计学已经从提倡解决问题走向对世界事物的构想与规划上，为此论证文明物态与设计传承关乎国家和民族的进步。

一、早期文化遗址中的规划设计

在人类文明的博弈世界中，能否充分运用设计思维，是适者生存的重要逻辑。正如Christopher Pinney所言，物品作为非人领域的诞生，与人类作为人的诞生是同步的。在现代屏性媒介社会，网络似乎联系了整个地球，然而未开化的土著、高度科技的人工智能和亟待发展的国家仍然在共享着地球的资源。设计可谓这一资源的整理者和分配者，通过设计的"格物致知、良知践行"，上可立国，下可化民。也正因为设计而造就了世界上唯一持续上下五千年的华夏文明，这个文明以其高度协同的物质、物品、物性的设计而被载入人类进化史。1911年英国人类学传播学派史密斯主张"世界所有文化的产生起源于埃及"，强调人类文化的泛埃及主义思维，认为人类是在距今4000年前后的时候才开始进行与文明有关的创造活动。这显然是一种缺乏全球文化田野实证的推理。持与史密斯相同观点的还有佩里的"太阳之子论"。他们都认为古代埃及文化是世界文明中心，再逐渐扩散蔓延到各个文化区。他们的思维体现了主观对"太阳"射线形成的视觉的巫术性崇拜心理，忽视文化心理产生的多线性进化的特点，遮蔽了华夏文明、印度文明和玛雅文明的独特价值。文化的研究必须是整体性的，要从其文化地理、能量供给、技术成因一层层地剥离解析。因此驳斥看似明显的文化之谬，最有效的方法是提出证据，文化与文明的表述在任何时候都离不开实证物质材料。

2018年5月28日历时16年的"中华文明探源工程"以考古实证通报了5000年以前华夏大地上灿如星河、绵延闪耀的文化样态,这些满天星斗式的有计划、有秩序的设计造物,这些辉煌的文化中心都以独一无二的特殊物质创造提供了证明材料(包括城邑、祭坛和大量的玉器),代表着成熟的物质设计体系。集中展示中华文明的共同心理程序,服从统一的组织机构和宗教习惯,以造物设计构成实体标志物,从而转化为文明的内聚力,推进人类文明的高度的辉煌。

夏鼐先生将文字、铜器、城市、礼仪祭祀中心等作为文明的标志或要素来探讨文明的起源。四者的共通呈现在于设计。城邑的构筑展现了史前对空间、地理、水流、生态知识的掌握,只有选址布局科学合理,在技术和空间上认知达成一致,才有利于国家的存续。从中华文明探源工程对河南新砦遗址的考古可见宫城与祭祀空间的关系。新砦遗址在20世纪80年代命名。"砦"同"寨",是河南郑州对村落的特殊称谓,是平原地区的先民为了躲避战乱而叠垒石块围合成寨的一种种聚落建筑形式。考古认定新砦遗址早于二里头、晚于龙山,整个文化遗址包括夏文化经历的三个大的阶段:以王城岗大城为代表的河南龙山文化晚期遗存、新砦期遗存(或曰新砦文化)、二里头文化遗存。保存约从公元前21世纪至公元前16世纪的文化遗存,贯穿夏朝起始至消亡的始终。其中新砦文化挖掘出面积约100万平方米的宏大建筑,拥有内外三重城壕,城墙、护城河以及大型建筑分布整齐,城北面建宗庙祭祀,中部建宫殿,南面建骨器、玉石手工作坊区。这些建筑保持在南北垂直轴线中,经碳14测定为公元前2000年至公元前1900年建造,从其层层围合的结构可以认定其具有早期的城市"设计规划"概念,将宗庙和宫殿构筑在三重城壕之内,体现母神文明时代的"卵胎"防御思维。

新砦遗址出土的遗物不仅数量众多,做工精美,而且规格等级较高,反映出新砦城的重要性质。考古专家从新砦至二里头时期房址中发现大量双圈柱洞,判定这些房址在建造前做过一定规划布局。赵春青、顾万发主编的《新砦遗址与新砦文化研究》一书之"综合研究"部分指出，考古人员在2000年前就断定新砦遗址为夏朝遗址，重要依据是城邑的规模和结构，而从造物设计角度，新砦遗址的规划体现出选址的科学性，其借助北面的天然古冲沟挖筑外壕，城墙沿煤土沟河围筑，又以苏沟为内壕。加上南面的双洎河、东面的双洎河如天堑，整个遗址恰似一个"瓮城"系统（图12-1）。从金芭塔丝所言的"母体"结构可以看到，这种选址还体现着夏朝人城市规划中仍然保留着对孕育结构的依赖。这种设计结构一直盛行于数千年的中国城镇乡村的选址中。这也是早期中国存在城市设计体系的重要依据，华夏文明的持续凝聚正是执行在这样的设计体系中。

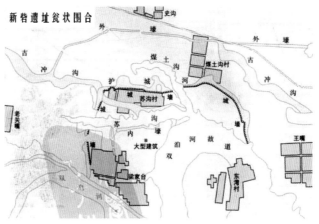

图12-1 新砦遗址规划

二、礼仪祭祀物品中的设计象征

如果继续沿着夏鼐所言的"礼仪祭祀中心"推讨文明物证，则可以更加清晰地了解华夏的设计文明。《史记·太史公自序列传》开篇即云："昔在颛顼，命南正重以司天，北正黎以司地。唐虞之际，绍重黎之后，使复典之，至于夏商，故重黎氏世序天地。其在周，程伯休甫其后也。"那么，是以什么物质行"司"天神和地神呢？很多学者提出，"玉石时代"以玉作为天地之物质象征。叶舒宪先生指出："白玉乃至白色石头，都曾被先民联想到天上的永恒发光体，即日月星辰。按照天人合一逻辑，人类只要效法天上的发光体，或与其符号物相认同，就能通过交感巫术的力量达到永生性。"[①]邓淑苹认为，萌芽自新石器时代，以精气观与感应观为主导内涵的崇玉文化成为最初的祭祀媒介，而当代对玉的崇敬已经蔓延为中华民族精神文化的象征。玉石之后，青铜器逐渐成为象征媒介。《史记·孝武本纪》云："禹收九牧之金，铸九鼎。"九鼎从此成为"问鼎中原""一言九鼎"的民族精神。从玉器和铜器的制作过程中可以看出，琢磨与冶炼都不是纯粹的技术问题，更需要提前对形态进行设计规划。仅就中华文明探源工程中的石家河文化（前4500—前3300年）的玉器进行外观分析（图12-2），其对称的人面拥有难以切割的倒钩状轮廓，似乎双凤张翅，五官以线刻组成，眼睛作甲骨文"目"字形，单勾，俗称"臣"字眼，头部和嘴角有装饰纹样，整体造型弥漫着"巫"性。石家河遗址还有各种逼真的玉凤和玉鹰，如图12-3所示的鹰采用几何纹双勾线，双翅饱满、尾羽拖曳，体现造型的

---

① 叶舒宪. 从"玉教"说到"玉教新教革命"说——华夏文明起源的神话动力学解释理论[J]. 民族艺术，2016（1）：22.

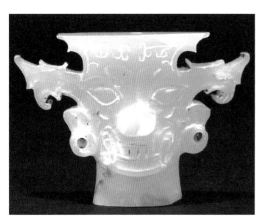

图12-2　石家河文化玉人

图12-3　石家河文化出土的鹰与鲁宾之杯

精准和美学规律的设计追求，双鹰的外形与凹空处如同现代设计对比平面构成的经典作品"鲁宾之杯"，可以惊喜地发现史前设计的现代性。

　　商周青铜器工艺的复杂也不逊色于玉器，从形态计划到制模为范，同样必须集中先进的生产力和生产技术才能完成，更何况中国的青铜器还是一种社会和精神的"文本"，代表国家和个体的权势地位，记录方国邦国的各项大事，又称为"钟鼎铭文"，"中国"二字也是从青铜器中发现的。1963年出土于宝鸡贾村的"何尊"，通高39厘米，径28.6厘米，重14.6公斤，是一件落地式盛酒器。从器物造型看，极其符合人机工程学，口沿外敞，便于倒酒，口沿外由蕉叶纹组成四边扉棱，扉棱玲珑剔透，还可增加手捧时的握力，蕉叶侧面有线条云纹，器身装饰由三段构成，鼓腹处饰饕餮纹，似牛头顶着大羊角巨目咧嘴，上部纹饰外以拱券形内饰蚕纹，似乎有天的形态隐喻，底部和细节处为云雷纹衬底。使得由立面观察器身时，每个棱边都是对称的轴中线，构成均衡、严肃的美学。底部呈喇叭形，边沿铸造为圆角，使底边敦厚、凝重，为西周早期较为凝练、大方的珍品。整个器物运用的牛羊盅展现出游牧文化与农耕文化的交融，纹饰与器身比例和谐，拥有王者之气度，这也是"尊"作为酒器所要展示的精神暗示。《礼记·礼器》中称："宗庙之祭……尊者举觯，卑者举角。"既表示它们是礼器中特别重要的盛酒器，也代表有一套相应的礼制。郑玄注："凡觞，一升曰爵，二升曰觚，三升曰觯，四升曰角，五升曰散。""尊""卑"不仅形态不同，储酒量也不同，后世依次发展出"尊""卑"的人格属性，由此可以看出青铜的设计之妙还在于内涵，胜过今天产品造型设计往往只注重外形而忽略"器以载道"的伦理涵化作用。这是设计与技术协同而出的国家象征。按照怀特对文化组织的看法，文化被分为三个亚系统：技术系统、社会系统和思想系统。其中技术系统由生产工具等构成，社会系统则包括亲属、政治、军事和宗教制度等，思想系统由思想、信念、神话传说以及民俗等组成。每一件青铜器的设计制作完成可以看出内蕴的文化组织系统的协同，实现这种协同的是设计规划、材料选型和技术合成，这也完全符合现代产品设计的程序。

"何尊"内底铸有12行122字铭文，其中"宅兹中国"为"中国"一词最早的文字记载，记述的是成王继承武王遗志，营建东都成周之事。从"何尊"铭文的排列组合中可以看出现代设计平面构成之均衡美学，单个字形刚健质朴、端庄谨严、厚重凝练，横竖欹侧灵动，行间错落有致，体现周公"制礼作乐"以器镇扶社稷之意，每一件青铜器都彰显周人"子子孙孙永宝"之祈愿，因此其铜器的铭文如有"灵魂"般，开创中国书法艺术中的"人格"表现。书画家李瑞清曾言："学书不学毛公鼎，犹儒生不读《尚书》也。"仅从一件"何尊"中探讨其设计思维，就能够感知西周时期设计体系的完整性。（图12-4）

图12-4 何尊及其"中国"

三、文字符号中的设计结构体系

　　怀特的新进化论（或称普遍进化论）认为，文化就是人们为了生存下去而适应自然界的一种机制，而没有符号和象征就不会有文化的产生。语言以形式的关系构成文化象征的前提，沿着语言符号，人类的文化走向多样统一。语言与符号之间的激化和新生决定了文化走向文明，也决定了人类是走向"文明"还是维持"土著"，正如彼得·里克森所言，不同的文化是人类差异的重要原因。因此维持华夏文明的基因是造物设计文化，这种造物文化也是决定精神行为的因素和转化文明物态的实证。先民得以依赖造物设计获得生计生息、修养保护、外界适应、信仰寄托的文明机制，而中国相对广域的地理空间，也提供一种独特的造物结构能力，人们以结构的方式理解自然进化的规律，在自然进化的表象之下，归纳出一种创造的心智。汉字结构正是这种社会环境之下的创造合力，解读汉字的深层结构更易于发现隐藏在字形中的文明基因。从汉字中可以反观历史文明，可以找到造物设计的原始依据，因为当某个汉字以某种文化背景为材料造出来以后，它就会像照片一样作为造字理据的文化背景保存下来，即使后来这种文化现象在现实生活中消失了，它也会伴随汉字保存下来。

　　汉字是以结构体系记录华夏的设计进化，汉字形声字中有大量以"金、木、水、火、土、石、水"为偏旁的组合，对宇宙自然中的基本元素进行技术加工而改变物质结构，体现华夏先民在物质实践中的设计智慧。有些汉字则直接展示对空间结构的设计，"广、厂、穴、宀、囗、户、中、王"等都显示出以轴线和建筑围合实施的空间占领。以最接近设计之意的"营造"二字为例，"营"和"造"的篆书结构相同，都有一个"∩"，形同天幕，凸显史前人思维中的双面性：其一是对宇宙空间关系的几何属性的理解；其二体现对天宇博大的敬畏与信仰。"营"字从"宫"，表示"四周环宫垒土而居"之意，联系创始神话

"鲧禹治水"所采用的"堵"的技术，可能对叠土而成的墙垣围合结构有推动之功。《山海经·海内经》记载："洪水滔天。鲧窃帝之息壤以堙洪水，不待帝命。""息壤"究竟是原生态土还是煅烧后的"陶土"，尚需考证。《诗经·大雅·绵》曰："古公亶父，陶复陶穴。"这是中国传统建筑材料由土烧制的记录，后世建筑基材砖块也许由此而出。"造"（𦨴）字在天幕结构下由"舟"和"告"组成，原义是乘舟前往到访，沿此而推讨，是否与"大洪水"有关？洪水滔天中，舟的设计发明联系着生命的延续，因此由最神圣的行为转化为汉字"造"，体现"造"字所寓意的创造精神。显然在人类早期创造活动的技术和生产条件较低的情况下，制造与设计协同精神共同作力是必然的，同样可以延伸在各种造物制器的活动中。通过汉字字形、字组的分析可以看到，"用汉字证明文化既可以根据对个体字符的分析，也可以对形体上有联系的一组字进行分析，而对字组的分析更能保证客观准确"[①]。

四、人类整体设计与文明的多线进化

美国人类学家朱利安·海内斯·斯图尔德（Juliar Haynes Steward, 1902—1972）在《文化变迁的理论》中提出，文化与其生态环境是不可分离的，它们之间相互影响、相互作用、互为因果。在中国文明北中广袤的生态环境下，盆地构成了相对向心的文化表述，高大的山脉构成敬畏崇高的文化表述，东西向数千公里的黄河、长江为其文化生态的流动提供了变迁条件，同时联通了中国境内不同的生态环境，使其在相异的生态环境中产生了近似的文化信仰。多元聚合而生造物设计智

---

① 齐元涛. 汉字与文化的互证能量[J]. 甘肃社会科学，2001（3）：40.

慧，在造物设计与精神愿景的互相作用下，催生出各种形态的演变。由此华夏中国在各个历史变迁过程中的设计造物都是其文明的重要标志，且这些造物都与精神、审美、信仰紧密结合。造物设计因生存、财富、掌控等动机而逐渐成熟走向体系，最后完整记录在汉字中，支撑华夏文明的变迁，正是设计变迁中不断修订的体系建设成就了华夏文明。

如果以文字出现的先后作为传统文化的分界表征，那么文字出现前的"岩壁刻画、巢居穴卧、玉石琢磨、抟土为陶"，文字出现后的"青铜器物、舟车制造、楼阁殿宇、雕梁画栋、漆器刻镂、陶瓷器皿"等，都可谓设计体系成熟在文明变迁过程中的文化解读，每一次文明的高峰都是设计体系的完整传播。当代文明的进程正迈向人工智能，意味着设计成为沟通当代社会经济、政治与国际之间的重要显学。正如杭间先生所言：中国的设计学尚在建设途中。纵观全球，设计学也同样在建设中，然而只有中国的设计造物体系是同它的上下五千年文明共存续的。当代包豪斯所倡导的现代教育所造成的"文明"，实质上造成了中国设计教育严重的文化心理压抑和社会审美问题。在设计教育中有必要认清一个事实，中国历史上的造物设计是其文明生态和社会精神的支撑，去掉历史支撑也就不可能获得当代设计的中国地位。

中国每个朝代的历史文化，其产生的基础都与前朝密不可分。汉之前的秦，唐之前的隋，宋之前的后周，也许都是依靠物质设计立国的成功范例。在中国历史上依靠标准化的造物设计短暂立国的王朝是秦，秦的大国设计方略，文字、道路、兵器、政体、度量衡等都体现了设计的标准化和秩序化，然而其标准化设计却没有渗透在精神与信仰相随的思想体系中，因此仅支撑坚持了15年，但其脉络由大汉承载，并熔铸了儒家的仁礼精神。隋朝开凿了南北运河，改变中国疆域大河自西向东的依赖，平衡南北的物质交流和文化的输送，然而造物设计仍未能与社会精神相协同。反观唐朝，将诗书文艺多元统一在造物设计中，整体社会文化在看得见的物质中呈现。而宋代尽管南北分制，其物质设计却永久留驻在瓷器中，因为瓷器的器型设计、色泽美学和烧制技术等元素已经是民族性的整体呈现。

今天中国龙行天下的高铁和凤舞九天的人工智能设计正在构筑大国的当代话语。他者设计文化不应遮蔽或掩盖华夏物质文化之灵魂，华夏的设计进化不仅是中国的文明传承基石，同样也是人类进化的重要基石，因此只有在上溯始源启迪未来的设计中才能够更加持续地传播华夏文明，从而实现全球语境的"天下大同、共向辉煌"。

第十三章
玉承的造物智慧及其延展的现代价值

随着全球化的发展，人类的科技、经济、宗教、移民、文化的发展已经将人类的命运紧密组合为共同体。人类在生态平衡与维护、经济制约与共享、生命安全与人道等方面的态度决定着这个共同体的命运。在西方物质文明侵扰传统审美意趣的当代，华夏文明的本土文化话语逐渐式微，普适价值被刻意混入他者文化领域。唤醒对华夏文化原型的更深层的认知，求解其独特的经世美学和造物理念，亟待重启和梳理华夏文明的智慧体系，从美学隐喻、工匠精神、造物智慧中认清即将丢失的文化传统。尽管这是一个庞大的体系，然而将其落实在具体的载体上就能获得大发展。一方面是实用的载体（衣食住行用），对应的是普众设计美学与精神；另一方面是文明与国家形象的载体，对应的是国家战略及文明形象的大设计体系。两条路径面向的视域以"福祉人类"为目标，寻求"万物一体"的普遍意义和良知良能的人道精神。正因如此，发端于西周的《周礼》"六玉"所"玉承"的是华夏文明的造物象征和礼仪交互的综合体系，这一体系使华夏文明从荒蛮无序走向秩序井然。同时"玉承"思维将华夏的智慧进行多维度的修正检测，使之衍化为儒家的政治、科技、生态、社会和谐的"天下情怀"，最后落实为"知行合一"四野秩序的文明共同体。梳理并延展这个文明共同体的体系，赋予其现代意义的新实践便是本章的主旨。

一、玉承的造物衍化

正如春秋战国"礼崩乐坏"之际，《周礼》获得了新的机遇。在当代全球科技生态非均衡的状态下，全球唯一持续万年的华夏文明共同体也有必要重新梳理其智慧的内核，寻找应对未来宗教、人机交互智能、种族等危机的策略，同时重新审视自身文明历史的现代性。推敲历史发现，周王室比商高明的是，他们利用当时尚在发育的中国文化的一切方面来声称自己取代商朝的合法性，例如宫廷的语言、仪礼、官制、商周共同的文化标准，以及意识形态的基础。周朝的思想奠定了后世孔子"从周"的基本观念。西周、东周存续的800年里，中心盟主国的观念浸入中国国家的意识形态中，使之秉承"天下共生"的理念，这便是中国作为文明的引领在任何时代都未曾践踏他者土地或文化的根由。对于中国思想而言，任何一种文化或文明都不可能凌驾于其他文明之上，也不应当赋予绝对的权威或主宰世界的地位。科学和宗教如果缺乏以"人类命运共同体"为目标的引导，则都可能引起负面效应。自周公制礼作乐以来，华夏中国的智慧是"至德、至仁、至善"。孔子创造性地从人性的教化开始，屏蔽"怪异神鬼"及上古多神信仰，为中华的伦理修筑一条"美学化人生理想"的凡俗神圣之道。这里的凡俗是"道"在普遍家国生活中"无类"；这里的"神圣"是因为理想最终能达到"内圣外王"。尽管孔子自己从未自居为圣，但却为中国道路开辟"家国同治"，加上社会良知良能组成的乡绅、宗族，也对文明进行了恒久的推动。任何思想或行为本身都必须一分为二来看，儒的精神文明在产生良性社会价值的同时，也同样遮蔽了其他的思维，不仅造成中国文化形态的区域化特征，而且全天下人都"独尊儒术"，再也不愿独创一种新的思维。儒家强调口传教化，这是中华文明的特征，可儒家在传播中时刻都朝着"大一统"推进，这样就必然存在以"圣贤"为主体的文献传播。天下人只凭圣贤书就实施为学、治国、平天下，这在历史上曾经畅通，但在人工智能全球网络各类话语集成之下，传统的美学化理想也必须重新进行审视和修订。以文化大传统和文化小传统的文明价值分析，儒学在长期的发展过程中以小传统文献作为一种修养基础，遮蔽了整体文明史中文化大传统应有的原型，但儒家解决人人面临的人生与社会问题，并且坚持"从周"，以追溯周礼及玉魂作为国魄，成就中国人良知良善为本、文质彬彬为美的修养，这正是当代社会仍然需要追寻的伦理标准。

当代中国的造物如何践行礼玉的文化原型？中国勘察设计大师崔愷院士说过：如果要刮模仿中国传统建筑之风，那在建筑创作上的意义来讲，与我们所批判的欧陆风、北美风，没有本质的区别，都是形式上外在的模仿，这种模仿与建筑创新的理念，与这个时代对建筑的要求背道而驰。在本土文化回归的同时，不仅要有创新的发展，而且要扎扎实实地做好。这其中道出临摹与创新的本质不同，中国人应读懂自己文化的内涵，不能简单和肤浅地理解，应追求中国传统书论和审美所讲究的"形神俱臻"。《周易》有云："形而上者谓之道，形而下者谓之器。"体现中国文化内涵的元素有许多，建筑中的四合院、园林、反宇曲线大屋顶、穿梁斗拱，还有陈设中的琴棋书画、扇面瓷器、玉石雕刻、家具器物等，这些元素的确代表中国文化的某种形态，但这些形态是在一定语境中传递某种精神的，仅仅简单地重复则是肤浅。"君子比德于玉"，道德高尚的人追求与玉一样的品德，但并非佩戴玉就道德高尚了，而是将"玉"传承的文化信仰通过行为传播构成"文化场域"，统一人的美学、道德、伦理观念，以玉璧、玉璜、玉琮、玉圭、玉璋、玉琥等一系列华夏文化原型所独有的神圣造物，标注华夏文明的文化品牌和文化认知，以"如切如磋，如琢如磨"为文化追求，形成造物的美学匠心。

中国文化中各种器物、诗书礼乐、茶道、画艺均表现出"物我为一"的比德范式和玉德信仰。商周时期，人们以器构礼，表达政治权威、生命意识，形成人们生活中的端庄敬畏，这是物的流丽外像与人内心崇拜交感而生的"道"器。"先天下之忧而忧"（《岳阳楼记》），以登楼抒发"治天下"必须时刻具备以国事为己任的自觉；"可以调素琴，阅金经。无丝竹之乱耳，无案牍之劳形"（《陋室铭》），构建民族心性品味的高洁与德馨；"出淤泥而不染，濯清涟而不妖，中通外直，不蔓不枝"（《爱莲说》），以莲寓意人品的坚贞与清廉之正气；

"尔乃丰层覆之耽耽，建高基之堂堂。罗疏柱之泪越，肃垠鄂之锵锵。飞榴翼以轩鹜，反宇辗以高骧。流羽毛之威蕤，垂坏批之琳琅。参旗九旄，从风飘扬"（《景福殿赋》），华美猗靡的建筑与国家庙堂的华夏恒臻，这些都可追溯到礼玉而扩散的物质表现中。

二、礼玉中的空间美学

子曰："兴于诗，立于礼，成于乐。"感于心，动于怀，发为诗文歌咏，从而通过物质形成物理空间关系，人和物的空间交融演绎，便产生文学上的"意象"。在上下五千年的中国文化发展史中，以"石头"表述的信仰和想象被记载在上古文献中，人生与石生成为特殊内涵的人与神的意象，启从涂山氏化为石人的身体而出，齐天大圣孙悟空从石头里生出，贾宝玉衔玉石而生，民间有关于望夫石的传说。从女娲补天神话到故宫层叠的汉白玉台基，石头承载着中国历史文化所积淀的超越精神和特定文化符号。《说文解字》释玉为："玉，石之美。"《辞海·玉部》说玉是温润而有光泽的美石。石头从自然界的一种物质，变为神圣的拟天神物，最后成为具有美好品德的君子的象征物，表明了中国文化中石头的生命意涵和文化原型交互演化。"顽石—通灵玉石""守护石—传国玉""庙堂礼仪象征—民间传家宝玉"，石头到玉石的完美转移，正是华夏文明中的智慧"玉统一中国"，在空间、美学、思维、社稷、象征等各领域中玉承中国。（图13-1）

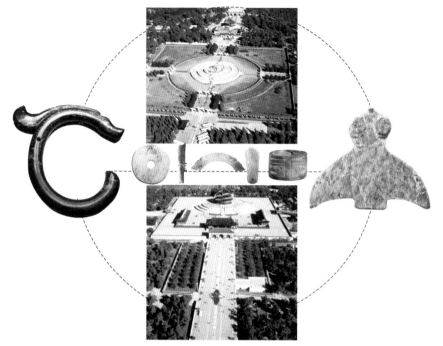

图13-1 礼玉空间之美

　　杨伯达先生认为，由玉到真玉的认识过程，经历了远古时代的有关玉观念初发期、新石器时代中晚期的形成期至夏商周的定型期和东汉以后的升华期。在远古时代，原始先民在打制石头工具的过程中，认识了石头的诸多特点，并发现了区别于一般石头的特殊石头，这就是玉。先民们用玉制成小工具和装饰品，这是玉石分化的第一步。随之而来的是原始先民出于自然崇拜的需要，将玉转化为玉神器和由此生发出来的祀神的神秘功能，并为巫觋和部族首领所占有，促成了玉石的第二次分化。

　　自宋代开始，中国开启了瓷器的时代。瓷器是一种可以"比玉"的器物，也许只有审美追求"玉德"的中国才能从"天地有大美"中提炼出礼玉简素的空间审美、"道"表象与"艺"内质。如宗白华先生所言：灿烂的"艺"赋予"道"以形象和生命，"道"给予"艺"以深度和灵魂。这"道"便是玉承的造物智慧，因其不可言说性，须依靠艺术形象而诞生，艺术呈现时，经设计转化为良知良能，便可呈现"道"：意境、空寂、虚像幻化到造物形态与视觉，以改本质的简，营造"道"像。正如中国美学以"中国画"的虚空表达无限生动的万物生命，以禅味类符号强调人格涵养，可使中国人在接触佛教大乘教义后体认到自己的灵魂深处，从而发挥到哲学境界和艺术境界。

考察禅宗审美体系的原型，可见中国本体原型审美所提供的创造性基因。佛教东传，儒道逐渐融合为中国的禅宗，追求超脱之境和物质的欲望，其表述的意境便与中华文明早期文化原型追求的再生象形、传神载物一致。正如豪泽尔所言，当艺术反映人的理想和规范的时候，当它创造新的习惯、道德和思想方式的时候，它对社会也就构成了规范和榜样。西方世界把个体交付给神，神的智慧和爱成为人们的信仰。中国人的精神世界是整体牵连的，人与人之间在大家族、大宗族中实现共同的追求，礼和仁建立在个体的自我心性超越中，因此中国人要借助他物建立信仰连接，如大型宗族建筑，建筑的形式实现突破和超越，大屋顶呈现反宇曲线，这是对天的包容，对天的依赖。中国人以处理物质的方式来处理精神，思想凭借物质象征控制精神、改造精神。中国人的器物或营造就因为赋予了如此"控制"之力而超越。借物质实现超越，如以三鼎九鼎等器物的数量彰显"礼"与"德"。与此同时，中国人对精神世界的解释也多物质化或被物质束缚，要超越精神，首先就得超越心中的物质形态。因此传统官方建筑形态力求威仪宏大、装饰绝伦，而私宅园林则追求纯粹的个体心性，表现为对世外桃源的追求。

源自玉为美学之宗的传统，中国设计哲学尊重自然，追求天地万物圆满吉祥。既有"结庐在人境，而无车马喧"的道法自然，也有依"天圆地方"玉璧形态而生的神话原型。反映为营造精神的是原始城池以居中为轴线的聚落布局，隐喻对天圆及圆润如玉结构的追求。玉承思维在中国传统社会成为普适的品质和精神，以江南园林为例，"文"是礼的外在形式，礼与仁相通，"质"则是礼的内在精神，这是善的精神。孔子曰："礼云礼云，玉帛云乎哉？乐云乐云，钟鼓云乎哉？"（《论语•阳货》）孔子的意思就是既能遵守各种礼仪形式，又有诚笃的信奉礼的精神，这样"文"与"质"相和谐，运用到环境空间中就形成了各种极具特征的地域文化图景。如江南园林中文雅娴静的景观布置及和而不同的、造型中所透辟的精神追求；如厅堂的中正形式和云墙逶迤的各式月洞宝瓶门和窗。江南园林善用"月洞门"的思维也与"苍璧礼天"有关，不仅具有虚实共用、平衡隔离空间的原则，还具有"主题轴心"的作用，景与景之间延伸深层次的礼玉文化，以材料的新筑与物理形态的旧景之间促成诗文情怀的精神景观。

将玉承中国的思维运用到设计创意中，以形态美善图景调解渗透人们的现实生活，或许能如经济法则般"拉动"真善美，以真求美，以美启真，以善扬美，按照三者平衡的原则将中华民族哲学的人生情韵与民族文化的诗性意境拟代到设计的客体环境中，使人的生活中充满华夏空间的美学。当代社会，人们面对的是极其复杂的物质环境，全球化的信息畅通催生出欲望的升华，不具备"反思与自省"则易陷入利欲之中。这也许就如同作家张伟所言：人的物质欲望是很自然的东西，不去积极提倡和刺激它都会疯长，再以它为中心那就不可收拾了。古语云"乐盛则流"，整体社会如果偏向追求享乐，是无法提升精神境界的，更不会增加社会的文化深度和厚度。如何通过设计来改变不同人群之间的差异，是设计发展必须要作出的思考，也是设计的良心所在。借设计之物表现"仁善"的空间美学，那么，什么是仁善的图景？可以说"文质彬彬""思无邪"是最好的解答。

在人类社会中"主观能动积极作用"的威力远远大于"自然规律无为而治"的现象，传统中国虽然有无数的文明文化流传，但近代中国的一成不变、不改古制，静止地、虚静地等待道德生发，引起了思想的迟滞、社会的倒退。因此设计师亟须辨明"创新创意"的真正内涵，重新追溯文化原型的现代性价值，在百家争鸣中激活全社会的良知设计。

三、玉承与传播

当代社会众媒时代，最大的特征是"媒介"文化传播成为麦克卢汉预言的"人的延伸"。或许，文化原型可以采用"传播"的途径，正如复旦大学历史教授姜义华所言：以互联网、绿色、生命科学为标志的人类文明史的新的大革命，正深刻改变着人们的生产方式、生活方式、交往方式，打造着人类真正的命运共同体。

中国设计偏爱玉承之美，在有形的玉石中表征无形的生命力，广宇世界原型的原点由心理空间、实体空间组成，对应的是原型精神空间和物质空间，二者合二而一、交互呼应而为世界的原型再生。

孔子推己恕人的中心是仁，仁与善并行，善又与美同在。而善美在设计中最好的图形体现应该是圆。天是圆的，天上的太阳、月亮以及中国的阴阳都是圆的，所谓阴晴圆缺，传统中国天道与人道是一致的。传统中国希冀的是饱满大方。因此，月圆月缺也表达了生活中的圆满和匮缺。为了留住圆满，人们需要将生活中的形态与之传神，因此大到祭天圜丘，小到碗盘等器皿，外形形态圆满，装饰图案也多为同心圆构造，其中运用最多的是莲花瓣组成的图案，立体化之成须弥座，平面化之成纹样，在生活中缺一不可。

这种玉承天地的圆满母体结构从城市围合到庭院围合再到"原始"小屋都有共同的特征——几何形"包围"、五行、有中心聚集、有领地归属。这种在总体呈周边集团式的布局，大概是我国原始社会氏族建筑在已经出现的母系亲族或母系家族关系上的反映。（图13-2）

图13-2　陕西临潼姜寨村落遗址复原图

　　《周礼》共六部：《天官》《地官》《春官》《夏官》《秋官》《冬官》。由于《冬官》散失而由《考工记》补录，记录各种工匠技术。这些技术如果纯粹从技术的层面分析只能是一部科学技术史，但正是这部科学技术史完成了《周礼》的象征与践行的合一。《周礼》的体系如同"表现论"：①表现为美的形态（营造、器物）；②表现为美的语言；③表现为美的礼仪（礼仪形式）。中国传统精神体现在常识常规上，如穿衣吃饭与日用之间的普遍常识。也许这可以说是中国古代的设计学和象征学。象征性艺术精神是周代礼乐文化中的艺术上体现出的最典型的艺术精神，也是中国早期的典型的艺术精神之一。这种象征性艺术精神对后世的中国艺术精神和艺术发展产生了深远的影响。2000多年前，汉代学者就宣称"中国者，礼仪之国也"。周公旦设计了一种超越神话的人的文化体系，构成个体生存世界的物质与精神的象征范式，人的日常行为在西周时期已经拥有了设计规范，这个设计规范直接影响着国家形象与政治空间的象征。

　　西方设计学深受包豪斯的影响，中国的现代设计在20世纪80年代末接受了包豪斯体系，在"摸着石头过河"中，中国的设计原型与评价体系将"德日美"风格作为参考，这在整个知识体系中无可厚非，方法良策当然是在引进和借鉴中使其更完善。但是随着改革开放的深入，当代中国是时候思考设计的方向了，对当代社会的精神救赎也许就蕴藏在文化大传统的原型中。

佩尤托曾说，西方那一套以欲望和利益为驱动力的经济学已经走进了死胡同里，唯有调过头来汲取东方思想传统中的生态智慧，面向未来的新经济学格局方可以形成。叶舒宪先生也曾说，实现真正的生存和谐，不伤害自己也不伤害他者。

正因为如此，当代设计提供生活功能体验和物质空间的真实，在这空间真实中去唤醒道德倾向。造物从现代的学科发展中可以广义理解为设计，设计离不开三要素的平衡：技术、文化、构造。以"文化原型"构造设计叙事，以传统营造技术实现"文化原型"的更新。在设计中，一方面持"礼"与"敬"，"礼"待人、"敬"待自然万物；另一方面设计叙事表达"教化伦理"与"秩序正义"，借助传播的神力，扩散华夏文明大传统理论的社会新价值。史前信仰的玉承文化原型，在当代社会不可复制，但也没有"圈养在博物馆"，而是多元复合地传播。大传统的原型叙事形态一定是激活在当代的生活中，伴随人们现代生活品味，同时文学描写、影视叙事、戏剧空间也将成为玉礼传播的第二空间。

在当代数字媒介传播带动的全球化信息效应中，人们面对的是社会经济化进程中的急躁与焦虑，我们应当激活传统造物玉承一统的美学体系，使其在网络化生存中产生强大的震撼立场应对网红带来的流俗放纵，导引设计视觉形态传播伦理的精神风貌，以设计实践中的"如玉"和"琢磨"施行文化标准。这种在造物设计中导入伦理思想的方法秉承了传统社会儒家造物隐喻式的伦理教化，必然在当代成为抗衡西语文化霸权的有效利器，成为重铸当代中国"仁治、大德"思想的核心。

玉承的文化在中国的政治、经济等活动中处于中心和主流地位，"尚玉"的心理也是中国文（儒）人政治意识的"治国平天下"思维。

玉出自天地之精气，一方面是天地所化生，另一方面是化生万物和化生人的品格。人生如璞石，必须遭受"如切如磋，如琢如磨"方成玉。玉承的庙堂、玉承的道德内涵越是淡漠，其对应的社稷、权力、政治地位等象征作用便越发得到彰显。玉石——石与玉，两者关联的生命意识象征又是对比的，石头的非教化野性品质、玉的教化与庙堂关照，融注了中国文化原型灵性的光辉。选择原型"石"，提炼其"精"，重构其"魂"，便是华夏文明的生命结构。

四、玉文化与现代设计

40年来，面临全面高速推进的改革时代，中国取得的各项经济成绩令人震惊。回顾中国的历史，自"轴心时代"开始，就与西方走上了不同的道路，这其中有地理环境的因素，中国地大物博，地势西高东低，气候变化垂直，外加民族习俗众多，我们应该思考以什么方式摆脱被困在钢筋混凝土中的局促与无奈。设计是艺术、功能、自然的合一，设计需要借助人们熟知的各种"诗意形态"焕发对生活诗性的感悟，而不是工程机械的堆砌。

传统建筑的"反宇曲线"实际是"与天齐"，体现"儒"道柔中带刚的终极关怀。建筑纹饰中的二方连续、四方连续是以图案的柔曲超越抽象的思维，实现具象框架中的视觉秩序。中国传统的思想精华在于人格精神与品味的养成，构成"人人皆可为尧舜"的视觉规则，从而在各个文本中找到原型思维。因此建筑师应当具有更多的社会责任，通过作品向所有受众负责。

梁思成先生描述中国"曾经"的城市建筑状况：近年来中国生活在剧烈的变化中趋向西化，虽然对于新输入之西方工艺的鉴别还没有标准，对于本国的旧工艺，已怀鄙弃厌恶心理。自"西式楼房"盛行于通商大埠以来，豪富商贾及中产之家无不深爱新异，以中国原有建筑为陈腐。他们虽不是蓄意将中国建筑完全毁灭，而事实上，国内原有很精美的建筑物多被拙劣幼稚的所谓西式楼房或门面取而代之。

设计的空间关系是生活其中的人的各种反应，设计的"价值失语"或"审美乱象"只能加重环境空间的梦魇，传染失范的道德本位。当前部分人追求新文人、新中式甚至枯山水的品位，也反映了社会高度发展下，"拼接文化"等刺激人积极寻找自身文化的脉象，而且改良传统形态中的规矩，程式化吸收西方极简及日韩素简的审美风格，这也许是文化物质化的当代创造新途径。

当代其实不乏经典的建筑作品。上海卓美亚喜玛拉雅酒店的建筑，是矶崎新的作品。从外形来看，酒店建筑整体好似我国古代的重要礼器之一玉琮，不规则的外立面和与之相连的裙楼部分更是暗藏玄机。从内部看，所营造的空间感仿佛让人置身于一片石头森林当中。矶崎新甚至还在建筑中融入了风水元素，楼宇中庭的"天圆地方"，建筑聚集四重体的方式则表现为允许四重体有一个场所，即建筑为四重体"让出"一个场所，"场所"是通过"物"（建筑）的矗立而产生的。除了建筑外观，上海卓美亚喜玛拉雅酒店的室内设计同样出众，大堂中央布置了一处清代的庭院和抬高的戏台，吊顶的LED天幕循环播放中国风的象征意象图形，与场景融合为中国风的意境的"穿越"。酒店客房同样以中国风为主导，深色的木地板搭配米黄的温暖色调，很有古典美。（图13-3）

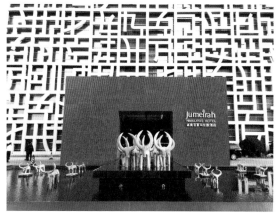

图13-3　上海卓美亚喜玛拉雅酒店

文化原型的内在价值必然为当代的社会信仰传播出人格理想，在城乡建设中大放异彩。重塑传统建筑的尊严，恐怕不仅要呼吁，还必须深入理解和持续实践。重新绽放在于构建三维学术研究层，这个层次可以逐级上升，允许层级间的平行：

第一层：建筑理论的研究在于建立建筑艺术标准的指南；

第二层：建立视建筑为文物遗产的认识和热爱旧建筑的热心；

第三层：梳理建筑文献及口传中对于建筑的描述和神话描述；

第四层：根据传世出土图像实物建立技术结构形态的数据库；

第五层：制作五脊、六兽、雀替、斗拱等建筑装饰三维数据库；

第六层：在教学中探索传统技艺传承人进校园，并记录技术；

第七层：将传承人的教学实践制作成技术数据和模型并建档。

传统中国建筑以木为材，因此木作具有精巧绝伦的特点，但一方面当代资源匮乏，另一方面现代科技产生了许多复合材料，传统木作受到了冲击。当代人忙碌的生活有时也影响着对美的细品，设计中同样如此，成熟的风格设计不经多次推敲很难找到最佳的表现。

在人们"丢失"的建筑文化思想和态度中，传统中国的围合构造更接近西方的"存在"感，传统中国的审美情趣中也存在着开放的"物、人、空间"的平等。这种"齐万物"灵性而深邃的共生审美理想在传统园林中被运用，但是当代的建造设计同样不可能"依样画葫芦"，一是经济不允许，二是审美的位移。在寸土寸金的现代社会，人口密集度大，水平空间上构建大园林实为奢华。而审美上国际性风格样式辐射着现代人，人们更乐于接受旧有元素中的新风尚。苏州园林是中国传统江南营造的瑰宝，园林中造型语义的当代应用成为重点。以2006年贝聿铭设计的苏州博物馆为例，江南"木屋泥墙"被钢结构、木作和涂料组成的现代开放式的顶棚系统所取代；传统营造中的灰色小瓦和清条石被灰色的花岗岩所取代；玻璃屋顶和石屋顶的构造系统仍然采取传统结构，局部补缀飞檐翘角与装饰细部，使自然光透过传统细檐进入活动展示区域；木作构架与金属遮阳片在玻璃屋顶的统辖下有效地过滤明亮的光

线，获得了柔和的褪色效果；罩六方的窗框摒弃木作棱格，纯粹几何
化，演变成一种新的现代感；外墙的"白色粉黛"与深色钢结构共同演
绎城市新机理。贝聿铭的设计同样可以被实证为传统样式、材料、技术
在当代的新生。（图13-4）

　　有鉴于此，对待华夏文明以来的"玉承"内涵，需要真正意义的活
态化践行，在保持其玉承与更新的前提之下，思考《周礼》"六玉"所
带来的普适造物与审美标准。

图13-4　苏州博物馆

参考文献

[1]约瑟夫·坎贝尔. 千面英雄：奠定坎贝尔神话学理论基础的经典之作[M]. 朱侃如，译. 北京：金城出版社，2012.

[2]张兴成. 赫尔德与文化民族主义思想传统[J]. 西南大学学报（社会科学版），2012（1）：81-88，174.

[3]叶舒宪. 为什么说"玉文化先统一中国"——从大传统看华夏文明发生[J]. 百色学院学报，2014（1）：1-6.

[4]李永平. 一代有一代的编码：论纪念碑性玉器的编码想象[J]. 百色学院学报，2014（1）：15-22.

[5]萧兵. "琮"的几种解说与"琮"的多重功能[J]. 东南文化，1994（6）：44-51，81.

[6]严文明. 论中国的铜石并用时代[J]. 史前研究，1984（1）：36-44，35.

[7]叶舒宪. 中华文明探源的神话学研究[M]. 北京：社会科学文献出版社，2015.

[8]张光直. 考古学专题六讲[M]. 北京：文物出版社，1986.

[9]陈昌远，王琳. 说"琮"[J]. 华夏考古，1997（3）：48-57，90.

[10]段渝. 良渚文化玉琮的功能和象征系统[J]. 考古，2007（12）：56-58.

[11]王仁湘. 琮璧名实臆测[J]. 文物，2006（8）：69-74.

[12]刘铮. 璧琮原始意义新考[J]. 古代文明，2012（4）：97-104，114.

[13]尹国均. 符号帝国[M]. 重庆：重庆出版社，2008.

[14]陈明远，金岷彬. 结绳记事·木石复合工具的绳索和穿孔技术[J]. 社会科学论坛，2014（6）：4-25.

[15]陈声波. 红山文化与良渚文化玉礼器的比较研究[J]. 边疆考古研究，2014（1）：89-101.

[16]张宇. 从《礼记》看中国设计艺术与典章制度之关系[J]. 艺术探索，2015（5）：119-122，5.

[17]王国维. 宋元戏曲史[M]. 北京：团结出版社，2006.

[18]叶舒宪，章米力，柳倩月. 文化符号学：大小传统新视野[M]. 西安：陕西师范大学出版总社，2018.

[19]于省吾. 甲骨文字释林[M]. 北京：中华书局，1979.

[20]闻一多. 神话与诗[M]. 北京：北京联合出版公司，2014.

[21]卡西尔. 符号·神话·文化[M]. 李小兵，译. 北京：东方出版社，1988.

[22]申扶民. 神话中的崇高原型及其嬗变[J]. 社会科学家，2003（6）：8-12.

[23]刘东. 中华文明[M]. 北京：社会科学文献出版社，1994.

[24]孔德凌. 《诗经·鲁颂·泮水》本义考论[J]. 齐鲁学刊，

2010（1）：137-139.

[25]孙常叙. 麦尊铭文句读试解[J]. 吉林师范大学学报（人文社会科学版），1983（C1）：72-91.

[26]张光直. 美术、神话与祭祀[M]. 郭净，译. 沈阳：辽宁教育出版社，2002.

[27]米尔恰·伊利亚德. 神圣与世俗[M]. 王建光，译. 北京：华夏出版社，2002.

[28]叶舒宪. 从玉教神话看"天人合一"———中国思想的大传统原型[J]. 民族艺术，2015（1）：30-37.

[29]孟宪武，李贵昌. 殷墟出土的玉璋朱书文字[J]. 华夏考古，1997（2）：72-77，113.

[30]王大有，宋宝忠，王双有. 璋牙璇玑——中华文明与美洲古代文明亲缘关系图证（4）[J]. 寻根，1998（4）：43-44，46.

[31]陕西师范大学文学院. 长安学术. 第7辑[M]. 北京：商务印书馆，2015.

[32]拉法格. 宗教与资本[M]. 王子野，译. 北京：生活·读书·新知三联书店，1963.

[33]钟敬文. 中国民居漫话[J]. 民俗研究，1995（1）：1-4.

[34]王仁湘，贾笑冰. 中国史前文化[M]. 北京：商务印书馆，1998.

[35]叶舒宪. 玉璧的神话学与符号编码研究[J]. 民族艺术，2015（2）：22-30.

[36]朱梓铭. 中国神话与传统建筑[J]. 攀枝花学院学报，2005（6）：48-52.

[37]李婵，徐传武. 略论周代玉圭的种类和用途[J]. 西南农业大学学报（社会科学版），2011（9）：89-91.

[38]陈鹤岁. 成语中的古代建筑[M]. 天津：百花文艺出版社，2007.

[39]何驽. 陶寺圭尺"中"与"中国"概念由来新探[J]. 三代考古，2011（0）：85-119.

[40]薛世平. "华夏玉圭文化"与"奥尔梅克文明"关系探源——兼斥美国学者库厄、贝格雷等对中国学者的肆意诋毁[J]. 福建师大福清分校学报，1999（4）：8-10.

[41]陈万求，郭令西. 人类栖居：传统建筑伦理[J]. 自然辩证法研究，2009（3）：61-66.

[42]列维-布留尔. 原始思维[M]. 丁由，译. 北京：商务印书馆，1981.

[43]郑谦. 从《周易》看我国传统美学的萌芽——《周易》经传菁华发微之十[J].云南社会科学，1983（6）：97-107，124.

[44]克利福德·格尔茨. 文化的解释[M]. 韩莉，译. 南京：译林

出版社，2008.

[45]克利福德·格尔茨. 文化的解释[M]. 韩莉，译. 南京：译林出版社，2008.

[46]叶舒宪. 大传统理论的文化治疗意义初探[J]. 中国比较文学，2015（4）：99-108.

[47]鲁道夫·奥托. 论"神圣"[M]. 成穷，周邦宪，译. 成都：四川人民出版社，1995.

后 记

回念2012年偶然的一篇小文蒙出版社青睐而得到著写丛书的机会，到现在历时7年，终于脱稿付梓。现当代学术研究的林海，各个领域都成熟而深入，而己所述，是否能够为这个社会所用？

这套丛书是在总主编潘长学教授的指导下对中国设计学展开的原型思考，意在探索中华文明变迁征途中的造物文化。没有直接可用的方法和相互佐证的造物文化，涉及的年代历史、学科领域、原有知识体系等诸多问题在动笔之初便让我们"捉襟见肘"，在边学边写中，有时认为某些问题似乎已经思考透彻了，突然又发现新的材料，推翻了所臆定的想法，不得不回到学习状态。今天在上海交通大学旁听"神话与创意"课程，明天参加华东师范大学"民俗与经济"论坛……幸运的是，得到前辈学者的提携和指点，将我们引进学术的海洋，尤其是这套丛书的总主编潘长学先生。当代社会有众多大师和专家，但集教育、管理、设计、陶艺、国画、邮轮美学于一身的伯乐专家并不多。潘长学总主编可谓我的伯乐和恩师。每个人都可能创造奇迹，但关键是在什么样的环境中获得什么样的助推力。我们很幸运地遇到一位了不起的设计家和教育智者，他对设计的社会发展预期和学科定位早已经超越设计学的现状。丛书开题前，潘先生便给每一本书制定了一个合理的"约束"，今天看来正是这个"约束"，使得丛书能够上溯中国创世神话时期的造物观念和智慧，强调文化原型的现代性再生，指向设计在当代的担当和亟待完善的造物"全历史"体系。潘长学总主编是以极高的格局和宽广的视野驾驭着丛书的体例，使丛书不至于偏离设计学的正题，且综合了考古学、神话学、美术学知识。潘长学总主编以全局化的设计教育理念思考当今社会最迫切的问题，寻求以设计的新知识和新系统解决不同场域的和谐问题，使得丛书获得独特而创新的研究视角。潘长学总主编不仅在国画和陶艺上拥有极高的造诣，而且是一位跨界的设计研究大咖，他甚至能从茫茫禹迹的神话原型出发去解决邮轮中的美学问题。他使我们明白，设计学只有完成对文化原型的梳理，才有可能去构想设计学的现代性并形成对自学学科的话语体系。

丛书采用神话学者叶舒宪先生的四重证据法，对从上古到现当代的文化史料进行互证，以文化大小传统理论构建造物设计史的历史分期。

丛书在成稿之后幸运地得到范明华教授的修校，范明华教授通古博今，对丛书进行了综合的"疗治"和全面"修补"，一些关键问题和众多勘误处在他的修校下得以解决。借助多次登门求教的机会，我也有了更多的收获，更深感学海无涯。

回想2017年撰写书稿的最艰难时期，为了获得更广域维度的国际视野，我来往奔波于南北半球，数月沪上，数月维多利亚州，如同一叶小舟在人海中漂移。客观条件总是不允许从容地研究整理，致使每个章节都以碎片化展开，未能进行前后逻辑的连贯梳理。又因为设计学科的背景，论事物多盯着"现象"，而深感探究设计本体内涵的不易。到了2018年3月，《和顺仁美的器物与纹饰》《诚敬孝悌之空间营造》终于出版。经田兆元先生提议，于5月11日在上海理工大学召开了以丛书为背景的"文化自信——华夏文化原型创造性转化和创新性发展研究研讨会"，聚集华东师范大学、武汉理工大学、同济大学、上海海事大学的专家和《文汇报》、上海教育电视台等媒体的记者针对文化传播中设计学的自觉担当及设计学的方法论展开了一次跨学科的讨论。这次研讨会的成功召开离不开上海理工大学出版印刷与艺术设计学院的支持，同时感激上海出版高等专科学校王胜和秦铭为研讨会的新闻发布提供的多项支持。这次研讨会的成功召开，给予我继续撰写后续书稿的力量。自2018年5月起我发愤写作，日书五千字，写到当年12月，居然写成丛书的三分之一内容。12月，借着学校"师生共同体"项目，我奔赴墨尔本大学、迪肯大学，同时也将初稿设想与这两所大学的教授进行讨论，竟然获得两方的肯定，并抛来"橄榄枝"（访问邀请函），约定后续的共同研究与交流，这再次给予我莫大的动力，内心对文本的内容及涉及的理论方向也不再忐忑而更加勇往直前了。2019年4月，经过众位著者们的努力，所有书稿的大框架已基本完成，恰逢潘长学总主编来上海参加国际邮轮研讨会，天赐良机，两天时间里总主编召开会议对书稿进行了全面的问题指出，同时也指出书稿必须调整的部分，确保了书稿的内在逻辑和理论视阈的深邃。5月开始，上海理工大学的王择家、庄锦炜、唐烁雯、岑长凤四位研究生也参与到书稿的插图和查证文献等工作中，终于全面将书稿提交出版社。

这套丛书也是对我自身从事设计教学25年思考的前期总结，也是众位著作者共同的学术思考，体现从比较设计学与比较神话学视角对中国设计所展开的初步探索。感谢韩良为先生为丛书部分章节的撰写、策划、资料搜集、文献查证、校对等方面所做的工作，他的深邃和谦逊使得著作在思维上的探讨具有一定的哲理内涵。感谢杨涛先生作为著作的重要撰写人，以及在策划、资料搜集、文献查证、校对等方面所做的工作，他的广博和求实使得本著在实践上的探讨具有可进一步延展的空间。感谢墨尔本大学的韩启喆为丛书部分章节的撰写、策划、外文资料搜集、文献查证、校对等方面所做的工作，她提供的境外研究成果使得丛书在文化上的分析更为强调中华文化原型的价值对世界文化的共享意义。感谢迪肯大学的刘国强教授为丛书部分章节的撰写、外文文献查证等方面所做的工作，他的严谨使得丛书能够从中澳文化语境出发强调中华文化原型的世界价值。距离"造物（设计）史"的成熟时期还很远，自知"生也有涯，而知也无涯"，用粗浅之言给古代文化之物进行设计学的解答，真是扣盘扪烛，狂瞽之作。然而，尺有所短，寸有所长，我竭尽所能以蚊负山，如能在管窥蠡测之余起到抛砖引玉之用，开造物与文明关联研究之先，也算是回应了出版社数年的信任，无愧于汉中之师长和友人。

当代学者的研究有很多名论和智言，有的我们收藏研读，有的限于时间，未能全面搜集援引以彰显诸师友在不同学术领域的伟大贡献，借引转录而掠美之处，尚望师友不弃并指正荒唐之处，待后续丛书再版时能够进一步修订完善，从而写成中华造物设计史导论。

四处搜罗、跋涉比对，只是希望还原中华造物设计学真正的原型与基因，进行粗浅稚拙的初步探讨，从第一块石器、第一个圆圈符号、第一个象征记忆起研究中华之造物演变、发展及未来的可能突破。相信这是时代的需要，也是设计学需要解决的问题。中华文明的智慧是人类生存的智慧，中国的造物智慧将成为人类的永远共同体。

熊承霞

2019年12月于墨尔本Dunstan